卡月书 / 著

Chinese Ancient Mathematics and Intellectual Games

中国古代数学与智力游戏

大连理工大学出版社
Dalian University of Technology Press

图书在版编目(CIP)数据

中国古代数学与智力游戏 / 朱明书著. -- 大连：大连理工大学出版社，2024.8

ISBN 978-7-5685-4804-5

Ⅰ.①中… Ⅱ.①朱… Ⅲ.①数学史-中国-古代-普及读物 Ⅳ.①O112-49

中国国家版本馆 CIP 数据核字(2024)第 010605 号

中国古代数学与智力游戏
ZHONGGUO GUDAI SHUXUE YU ZHILI YOUXI

大连理工大学出版社出版

地址：大连市软件园路 80 号　邮政编码：116023
发行：0411-84708842　邮购：0411-84708943　传真：0411-84701466
E-mail：dutp@dutp.cn　URL：https://www.dutp.cn

大连天骄彩色印刷有限公司印刷　　大连理工大学出版社发行

幅面尺寸：147mm×210mm	印张：4.875	字数：86 千字
2024 年 8 月第 1 版		2024 年 8 月第 1 次印刷

责任编辑：王　伟　李宏艳　　　　　　责任校对：周　欢
封面设计：冀贵收

ISBN 978-7-5685-4804-5　　　　　　　　　　　定　价：39.00 元

本书如有印装质量问题，请与我社发行部联系更换。

前 言

为什么我决心全力以赴写好这本书?

啊,读者,尤其是中青年朋友,在具体写此书内容之前,想先与您交流一下内心的感受与震撼。

春节除了祭灶扫尘、除夕守岁、祭祖拜年、春联鞭炮等传统年俗依然鲜活呈现以外,还有网购年货、绿色过年、电子红包、视频拜年、观赏电影、外出旅游等"新年俗"元素闪亮光耀登场。而这一切,则折射着社会物质发展和文化变迁的深层脉动。

"鼓角梅花添一部,五更欢笑拜新年。"

春节是中华文化的结晶,是连接民族情感的脐带,也是传承文化的载体。它让我们看到了天人合一、俭约自守、有容乃大、自强不息、与人为善、同舟共济等文化因子、文化意蕴和文化价值,有助于文化自信的确立,有助于凝聚起中华民族逐梦前行的力量。

我们有博大精深的传统文化。

特别是中国古代在数学上有过卓越的贡献。

中国是一个地大物博、人口众多、历史悠久的文明古国。中国古代文学艺术成就巨大,科学技术方面的指南针、造纸术、印刷术、火药这四大发明,举世闻名。

可是,对中国古代数学的成就,了解的人却不多,甚至误以为中国历来在数学上是落后的。1972 年,美国教授 M.克莱因所著的《古今数学思想》,介绍世界古今一些重要数学思想的来源和发展。这套书有一千多页,国外有的书评说:"就数学史而论,这是迄今为止最好的一本。"但这套书居然基本没有提及中国数学的成就及其对世界数学发展的影响。

英国科学家、中国科技史研究专家、胚胎生物化学创始人李约瑟在他的巨著《中国科学技术史》中,就首先从数学入手,评价了中国人在各门科学技术中的贡献。他在该书第三卷《数学》中,比较公正地肯定了中国古代数学的光辉成就。

中国的李俨、钱宝琮等数学史专家,对中国古代数学做过更深入的研究,举出大量事实,证明了中国古代数学在许多方面当时都远远超过西方。因此,可怕的不是有些人或者出于有意的歪曲、对中国古代数学文化的漠视,而是我们对中国古代数学的无知。

作为一名师范大学毕业的理学(数学)硕士,我也总想为中青年同行和学生们,提供一些古今概述的数学资料与数学智力游戏。这种想法在读了徐迟同志的《哥德巴赫猜想》报告文学之后,变得更为强烈了。为陈景润播下探索世界数学难题种子的,正是他中学时代的那位数学老师。如果我们现在的中小学教师,也都能够了解古今中外的数学发展概况,并把它们播种在求知欲极强的青少年的心中,那么,未来中国数学、大数据、人工智能等学科的发展,该将是怎样一种蓬勃兴旺的景象啊!

目 录

一　好玩的数学 ／1

二　洛书、河图与幻方 ／8

三　《九章算术》的方程术与矩阵变换 ／30

四　刘徽——古代数学理论的奠基人 ／38

五　不定方程与五家共井趣题 ／42

六　祖冲之与"祖率"$\dfrac{355}{113}$ ／49

七　比牛顿内插公式更早的二次内插法 ／54

八　杨辉三角与秦九韶的《数书九章》／61

九　驰名世界的中国剩余定理 ／71

十　招差术与朱世杰公式 ／77

十一　孙膑与运筹学思想 / 83
十二　《庄子》的极限思想 / 85
十三　中国古代数学的成就 / 87
十四　中国古代数学趣题精选 / 103
十五　中国古代智力游戏拾遗 / 124

一 好玩的数学

2002年8月,北京举行国际数学家大会(ICM 2002),时年91岁高龄的数学大师陈省身先生为少年儿童题词,写下了"数学好玩"四个大字。

数学真的好玩吗?这个问题可能众说纷纭。

早在2 000多年前,人们就认识到数的重要。中国古代哲学家老子在《道德经》中说:"道生一、一生二、二生三、三生万物。"古希腊毕达哥拉斯学派的思想家菲洛劳斯说得更加确定有力:"庞大、万能和完美无缺是数字的力量所在,它是人类生活的开始和主宰者,是一切事物的参与者。没有数字,一切都是混乱和黑暗的。"

1979年4月20日,著名的美籍华人物理学家李政道教授,在同中国科学技术大学少年班的同学们见面时,提了一个问题:"同学们知不知道《易经》和八卦?"他说:"《易经》是中国古代重要的科学著作。八卦实际上是今天数学上的八阶矩阵,电子计算机的二进位制也来源于八卦。"这引起了少年班同学的惊奇与兴趣。

关于八卦最早的文字记载见于《周易》(《易经》)。《周易》是一本很古老的书。相传是伏羲氏(传说中的"三皇""五帝"之一)、周文王(约前1152—前1056年)、孔丘(前551—前479年)所作的。其中阐述了不少运动变化的观点,包含着辩证法的萌芽。它是世界公认的第一本讨论排列的书。

中国上古时期的人民为了适应生产上的需要,便于研究天文、地理,发明了记数的两种基本符号:阳爻(yáo)"——"和阴爻"— —"。这两种爻合称"两仪"。每次取两个,共有四种不同的排列法,叫作"四象"(图1-1):

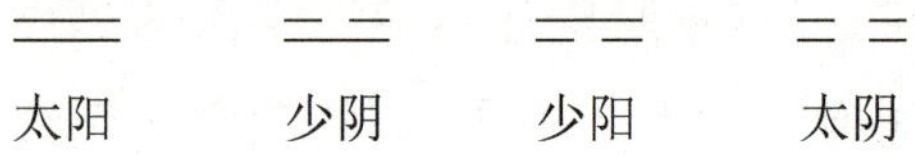

太阳　　少阴　　少阳　　太阴

图1-1　四象

每次取三个,共有八种不同的排列法。对这八个符号,分别规定了名称,叫作"八卦"(图1-2):

乾　　坤　　震　　艮　　离　　坎　　兑　　巽
(qián)(kūn)(zhèn)(gèn)(lí)(kǎn)(duì)(xùn)

图1-2　八卦

上面这八个符号,常用来代表八种不同的事物,如东、东南、南、西南、西、西北、北、东北八个方位,或天、地、风、雷、水、火、山、泽八种自然物等。

每个卦的上、中、下三部分叫作"三爻"。上面的叫作"上爻",中间的叫作"中爻",下面的叫作"初爻"。如果把阳爻"——"当作数码1,阴爻"— —"当作数码0,并且自下而上,把初爻看作第一位上的数字,中爻和上爻依次看作第二位和第三位上的数字,我们便可把八卦的八个符号看作如下的二进位数(表1-1):

表1-1 八卦的二进位制记法和十进位制记法

卦名	符号	二进位制记法	十进位制记法
坤		000	0
震		001	1
坎		010	2
兑		011	3
艮		100	4
离		101	5
巽		110	6
乾		111	7

如果每次取 6 个爻，可得 2^6 种即 64 种不同的排列，叫作 64 卦。而 64 卦对应的二进制则相当于十进制数中 0 到 63 这 64 个数。

由此可见，八卦实际上是最古老的二进位制。这种说法是有充分根据的。17 世纪德国数学家莱布尼茨（Leibniz，1646—1716）就研究过中国的八卦，他认为 64 卦的各种排列不是别的什么，而是把 64 个数字用二进位制记法写出来。他还和清朝关心数学的康熙皇帝通过信。这些说明，莱布尼茨也曾从中国的八卦中受过启发。尽管他的研究更加完备、系统化，但从时间来看，中国发明二进位制要比西方早两千多年！

古老而神奇的八卦有着许多奇妙的数学意义。如果把阳爻看作表示正"+"的符号，阴爻看作表示负"−"的符号，并且把每一卦的三个爻分别看作 x,y,z，这八个卦就是 $+x+y+z, -x+y+z, \cdots, -x-y-z$，正好代表立体解析几何中笛卡儿坐标系的八个"卦限"。事实上，"卦限"的卦字就是从八卦借用来的。而平面解析几何中直角坐标的四个"象限"的象字，也是从"四象"借用来的。

根据《周易》排列的变化："易有太极，是生两仪，两仪生四象，四象生八卦。"（《周易·系辞上》）这段话包含着等比数列：1，2，4，8。如果推下去，也能得出重要的数学原理。

古代的八卦，如何把它的原理运用到现代科学研究中去呢？这里来介绍一位在法国巴黎留学的中国留学生刘子华的故事。他曾用八卦的原理，预测过太阳系的第十颗行星。

1930年1月，美国天文学家汤博发现了太阳系的第九颗行星——冥王星①以后，有人提出会不会有第十颗行星？因冥王星离地球很远，又新发现不久，观察数据还不够精确，不少科学家按牛顿万有引力理论对第十颗行星进行预测，都先后失败了。

刘子华，这位来自四川省简阳县的学生，从八卦图上看到，太阳系各星体与卦位存在对应关系。他便别开生面地想利用八卦来预测第十颗行星。他利用天文参数进行计算，证明出每一对亢卦位（偶卦）所属星体的平均轨道速度和密度均为一个恒定的数。经过三年多潜心研究，他不仅预测出第十颗行星的存在，而且算出第十颗行星的平均轨道运行速度为1.689千米/秒，密度为0.424千

---

① 注：冥王星于2006年从太阳系九大行星中被除名。

克/米^3,离太阳的平均距离约为74亿千米,并把它命名为"木王星"。

1939年,刘子华将上述推理和运算写成博士论文《八卦宇宙论与现代天文——一颗新星球的预测——日月之胎时地位》,提交巴黎大学审查。1940年11月18日,论文获得答辩会全体通过,刘子华被正式授予法国国家博士学位。

刘子华博士从八卦推证出第十颗行星存在的消息,立即在西方引起轰动。中国古代的宇宙科学,受到科学界高度评价。此后,过了20年,西方国家才于1959年提出预测第十颗行星存在的论文。1981年1月,美国海军天文台弗兰德恩博士发表论文,才涉及这颗行星与太阳的距离。这比刘子华已迟了40多年。

玩七巧板、玩八皇后问题、玩九连环、玩魔方幻方,不少人玩起来乐而不倦。所玩的其实是数学。现代科技、大数据、云计算、人工智能等,背后实质上是软件,是算法,而软件和算法的理论根据仍然是数学。

数学好玩,并不限于数学游戏。

正如数学科学文化理念传播丛书(第一辑)总序中所

深刻阐说的那样:

数学科学的含义及其在学科分类中的定位,如图 1-3 所示。

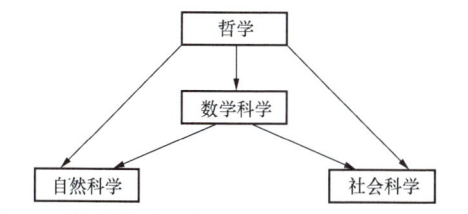

图 1-3 数学科学的含义及其在学科分类中的定位

数学有两种品格,其一是工具品格,其二是文化品格。

古希腊哲学家柏拉图(Plato,前 427—前 347)在校门口张榜声明,不懂几何学的人,不要进入他的学校就读。

为什么?因为柏拉图深知数学文化品格的训练,对于陶冶一个人的情操,锻炼一个人的思维能力,直至提升一个人的综合素质水平,都有非凡的功效。那种铭刻于头脑中的数学精神和数学文化理念,一直会在他们的生存方式和思维方式中潜在地起着根本性的作用,并且受用终身。这就是数学文化品格、文化理念与文化素质原则深远意义和至高的价值所在。

二 洛书、河图与幻方

读者朋友,您知道吗?早在 2 500 年前,中国春秋时期的著作《论语》《书经》中,已经出现了"洛书"与"河图"(图 2-1)。

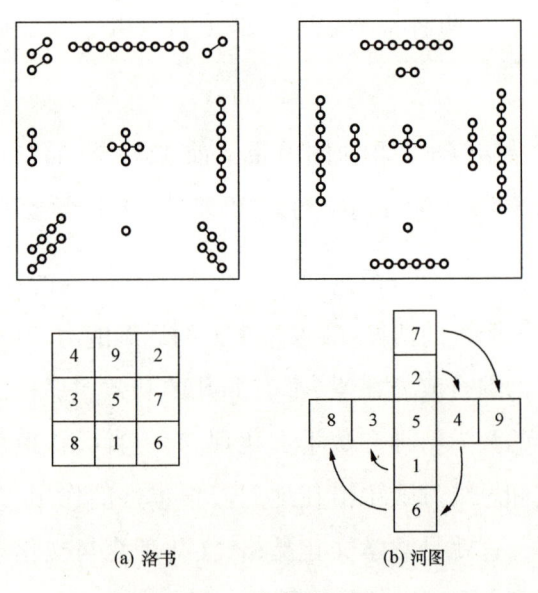

(a) 洛书　　　　(b) 河图

图 2-1　洛书与河图

由于幻方性质奇特,后人将它编成神话,流传至今。神话说:夏禹治水时,从黄河的水中跃出一头龙马,驮着一张"河图";从洛河(黄河的一支流)里浮出一只大龟,背着一幅"洛书"。"河图"与"洛书"都献给了夏禹,帮助他治理天下。

中国南宋(公元13世纪)数学家杨辉称三阶幻方为"纵横图"。他还用一个奇妙的换位方法,很快地把三阶幻方编制出来了。第一步,在如图2-2所示那样斜放的方阵里,依次填上1~9,再按虚线所示又画一个方阵。第二步,将原斜方阵去掉,把虚线方阵画成实线方阵(图2-3),于是出现4个空格。第三步,将图2-2中上下、左右二数互换其位,填入空格之中,就成了三阶幻方。(图2-4)。

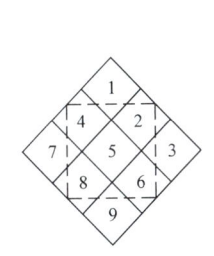

图2-2 虚线方阵 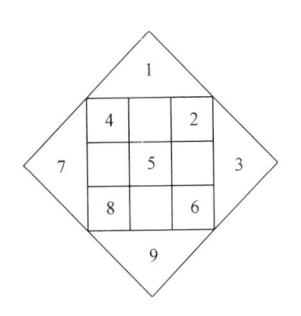　　图2-3 实线方阵

在国外,幻方的最早出现是公元2世纪。公元130年,希腊士麦那人塞翁(Theon)才在他的一本著作中,第一次提到幻方。这比中国春秋时期洛书、河图要迟600多年。

至于对幻方的深入研究,也是中国最早。在欧洲,直到1514年,德国著名画家丢勒(Dürer,1471—1528)才在他的一幅版画上绘制出了完整的四阶幻方。这不仅比杨辉迟200多年,而且没有杨辉研究的深入。

有了幻方的基础知识,我们开始探讨幻方的一般构造方法。

让我们先介绍n为奇数时,构造n阶幻方的一种巧妙方法。这是劳伯尔(De la Loubère)在17世纪发现的。

对于$n=3$,注意到右上对角线上的4,5,6,这就是构造奇数阶幻方的契机所在!

可以称这种构造方法为"右上对角线法"。(图2-5)

图2-4 三阶幻方

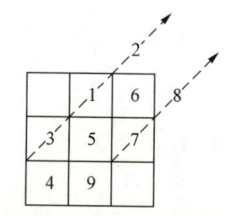

图2-5 右上对角线法

首先,把数字1放在顶行正中间的方格里。然后,把所有后继的正整数依次放在右上斜对角线的格子里,并分别做如下修正:

(1)当到达顶行时,下一个数就放到底行里去(从上出格,从下入格)。

(2)当到达右端列时,下一个数就放到左端列里去(从右出格,从左入格)。

(3)当到达的格子里已填有数字或到达右上角的方格时,下一个数就填在刚写的数目的正下方的方格里。

作为应用上面的法则,我们列出 5 阶幻方和 7 阶幻方的实例,如图 2-6 所示。

17	24	1	8	15
23	5	7	14	16
4	6	13	20	23
10	12	19	21	3
11	18	25	2	9

30	39	48	1	10	19	28
38	47	7	9	18	27	29
46	6	8	17	26	35	37
5	14	16	25	34	36	45
13	15	24	33	42	44	4
21	23	32	41	43	3	12
22	31	40	49	2	11	20

图 2-6 5 阶幻方和 7 阶幻方

请读者对照图 2-6 中的 5 阶幻方和 7 阶幻方,校验规则(1)(2)(3),再进一步,自己构造 9 阶幻方。

那么,读者很自然地要关心偶数阶幻方的构造法。显然,2 阶幻方是不存在的,这由 1,2,3,4 四个数字的所有排列情况一一试探即可明白。于是,先从 $n=4$ 开始,试按某些对称性或周期性(循环性)安排数字(图2-7)。

	3	2	
5			8
	6	7	
4			1

16			13
	10	11	
9			12
	15	14	

16	3	2	13
5	10	11	8
9	6	7	12
4	15	14	1

图 2-7 4 阶幻方安排数字

啊,果然作成了一个4阶幻方!这个4阶幻方有什么特点?

首先,容易观察到的是中心对称性:1—16,2—15,3—14,4—13,5—12,6—11,7—10,8—9,每一对元素的和都是17。即使这个条件未必是必要条件。但是至少对于两条斜角线来说,是构成幻方的充分条件。

当然,还有许多需要进一步研究的。但是最好让我们再来试作一个4阶幻方吧。

这里,继续试用充分性条件。利用对称性,(1,2)对应(8,7),(3,4)对应(6,5)。类似,使(9,10)对应(16,15),(11,12)对应(14,13),如图2-8所示。

7	⑫	1	⑭
2	⑬	8	⑪
⑯	3	⑩	5
⑨	6	⑮	4

图 2-8 4 阶幻方

又成功了!

注意,我们已经得到两个本质上不同的4阶幻方!而3阶幻方本质上却只有一种。一个自然的问题:究竟有多少种4阶幻方?已经证明,4阶幻方共有880种,5阶幻方则多达275 305 224种。从这些结果中我们体会到,前面只不过是构造幻方的某些方法,远远不能由此构造出一系列幻方。而且可以想象,在某些特殊的4阶幻方和5阶幻方中,可能有更多奇妙的性质。

下面我们试图把以上构造4阶幻方的对称性运用到构造6阶幻方上去。我们分三步做。

第一步 考虑把1,2,3,4,5,6分别安放在各行各列里,再按对称性把12,11,10,9,8,7排列进去,如图2-9所示。

5					7
8					6
		10	3		
	1			11	
	12			2	
		4	9		

图2-9 构造6阶幻(第一步)

第二步 应用对称性,使 1—36, 2—35, 3—34, 4—

33,5—32,6—31 彼此对应起来。同理,关于 7,8,9,10,11,12 分别对应 30,29,28,27,26,25。于是,我们可以在图 2-9 中再填入 12 个数字,如图 2-10 所示。

		28	33		7
8	35			25	6
	26	10	3	36	
	1	34	27	11	
31	12			2	29
30		4	9		32

图 2-10 构造 6 阶幻方(第二步)

在图 2-10 中,已填入 24 个数字,而每条对角线上 6 个数字之和已为 111。

第三步,把余下的 12 个数字,适当调配填入,如图 2-11 所示。

5	22	28	33	16	7
8	35	17	20	25	6
13	26	10	3	36	23
24	1	34	27	11	14
31	12	19	18	2	29
30	15	4	9	21	32

图 2-11 构造 6 阶幻方(第三步)

读者也许同作者当时一样,以为已经成功了。可是经一一检验后发现第 3 列和第 4 列 6 个数字之和都不是 111,而分别为 112 与 110。

失败了。

不过,此时尤其要冷静,不要全盘否定。让我们倒推回去,再斟酌一番,问题究竟出在哪里?第 3 列之和比幻方和多 1,第 4 列之和比幻方和少 1,并不影响其他各行各列和两条对角线。那么把图 2-11 中所填的 18 与 19 对换一下,不就成功了吗?于是,得到了合格的 6 阶幻方如图 2-12 所示。

5	22	28	33	16	7
8	35	17	20	25	6
13	26	10	3	36	23
24	1	34	27	11	14
31	12	18	19	2	29
30	15	4	9	21	32

图 2-12　构造合格的 6 阶幻方

以上仅给出几种构造幻方的方法。在一般的幻方中,还有不少奇妙的性质没有进行深入的探讨。根据几何学的启示,有人利用"平移法""旋转法"等思路,也构造

16 | 中国古代数学与智力游戏

出了幻方。

2018 年 11 月 28 日,我与好友在"海洋量子号"上,一位来自中国河北省的杂技演员的即兴表演中,从观众提出的"67"号,当场写出一个 4 阶幻方:每一行、每一列、对角线,以及四个小方块的数字之和皆为"67"这个数。并且赢得了近千位观众的热烈掌声!一位从美国回国的数学学者深情感叹地说:"上海观众对数学幻方,犹如欣赏走软钢丝一样热衷欣赏!"

作为正在普及幻方的作者也备受鼓舞。我们的普通同胞、杂技演员等绝不仅仅在自己的职业技能上与日俱增,而且在数学欣赏、科学文化上也正在与时俱进。

再列举四个幻方仅供欣赏。(图 2-13)

15	4	9	6
1	14	7	12
8	11	2	13
10	5	16	3

(a) 4阶幻方

11	24	7	20	3
4	12	25	8	16
17	5	13	21	9
10	18	1	14	22
23	6	19	2	15

(b) 5阶幻方

图 2-13 4 阶、5 阶、6 阶、7 阶幻方

19	36	1	7	35	13
2	20	33	34	14	8
32	3	21	15	9	31
29	4	22	16	10	30
5	23	28	27	17	11
24	25	6	12	26	18

(c) 6阶幻方

22	47	16	41	10	35	4
5	23	48	17	42	11	29
30	6	24	49	18	36	12
13	31	7	25	43	19	37
38	14	32	1	26	44	20
21	39	8	33	2	27	45
46	15	40	9	34	3	28

(d) 7阶幻方

续图 2-13　4 阶、5 阶、6 阶、7 阶幻方

下面,让我们一同来欣赏由质数(也称素数)构成的幻方。(图 2-14,图 2-15)

569	59	449
239	359	479
269	659	149

图 2-14　质数 3 阶幻方

17	317	397	67
307	157	107	227
127	277	257	137
347	47	37	367

图 2-15　质数 4 阶幻方

这里介绍的幻方,仅仅谈到在平面方格里的填数问题,而且还只是极小的一部分内容。完全没有涉及筒形幻方、对称幻方、超级幻方、幻方群,以及幻方的拼拆镶嵌等问题。

由于计算机的发展与普及,某些发达国家的一些中

学生都已构造出令人惊叹的立体幻方。我国也有人在研究高维空间里的幻方。20世纪90年代初，江苏常州大学青年学者徐明华构造出 $8n$ 阶立体幻方，其中 $n=1$ 的 8 阶立体幻方的 8 个"切片"见《数学与智力游戏》(2016年，大连理工大学出版社)一书中第 140 页，有兴趣的读者可参考研究。

作为本章图 2-7 所示的幻方的构造法的小结，本书从偶数次幻方具有中心对称性：1—16，2—15，3—14，4—13，5—12，6—11，7—10，8—9，每一对元素的和都是 17 出发，容易产生一个自然的研究课题：能否充分运用这个特点，探索与总结出一个普遍性构造方法，对所有 $4N$（$N=1,2,\cdots$，任意大，且是确定的正整数）阶都适用呢？再进一步，对于 $(4N+2)$ 阶幻方也能由一个充分条件构造出来吗？

经过一番研究探索，结果竟是完全肯定的。

1. 构造 $4N$ 阶幻方

定义 1　称方阵 4×4 阶为"4 阶幻方基底"，若此方阵由 $\pm 0, \pm 1, \pm 2, \cdots, \pm 7$ 共 16 个整数组成，并且每行、每列、每条对角线上 4 个数之和皆为 0。

例　图 2-16 为 4 阶幻方基底。

有了这个4×4阶幻方基底,如何构造幻方呢？只要在幻方基底的负数(包括-0)加8,凡是正数(这里例中加0)加9,即成(图2-17)。

0	-1	-2	3
-4	5	6	-7
7	-6	-5	4
-3	2	1	-0

9	7	6	12
4	14	15	1
16	2	3	13
5	11	10	8

图 2-16　4 阶幻方基底　　图 2-17　构造 4 阶幻方(负数加 8,正数加 9)

再构造 $N=2$ 即 8 阶幻方基底(图 2-18):

0	-1	-2	3	8	-9	-10	11
-4	5	6	-7	-12	13	14	-15
7	-6	-5	4	15	-14	-13	12
-3	2	1	-0	-11	10	9	-8
16	-17	-18	19	24	-25	-26	27
-20	21	22	-23	-28	29	30	-31
23	-22	-21	20	31	-30	-29	28
-19	18	17	-16	-27	26	25	-24

图 2-18　8 阶幻方基底

细心的读者一定会发现:此 8 阶幻方基底是由 4 个 4 阶幻方基底顺次组成。

而且,每个 4 阶幻方基底也有自然数顺序。按行

+--+、-++-、+--+、-++-构成,即每行、每列、每条对角线之和皆为0。

然而,再对 $N=2$ 即 8 阶幻方基底中所有负数(包括 $-0,-1,-2,\cdots,-31$)加 32,所有正数(包括 $+0,+1,+2,\cdots,+31$)加 33,即得到一个对称型 8 阶幻方。(图2-19)

33	31	30	36	41	23	22	44
28	38	39	25	20	46	47	17
40	26	27	37	48	18	19	45
29	35	34	32	21	43	42	24
49	15	14	52	57	7	6	60
12	54	55	9	4	62	63	1
56	10	11	53	64	2	3	61
13	51	50	16	5	59	58	8

图 2-19 对称型 8 阶幻方

此 8 阶幻方每行、每列、每条对角线上 8 个数之和皆为 260。

根据上述两个实例($N=1,N=2$),我们完全可以用数学归纳法推广到一般 $4N$ 阶幻方基底及其相应的 $4N$ 阶幻方上去。只要按对应法则 f:基底中负数(包含 -0)加 $8N^2$,正数(包含 $+0$)加 $8N^2+1$,则构成 $4N$ 阶幻方。

二 洛书、河图与幻方 | 21

定理 1 设有自然数 $1,2,3,\cdots,16N^2$,则可应用"基底构造法",构造一类"对称型 $4N$ 阶幻方"。

证明 根据上述实例 $N=1, N=2$,及数学归纳法即可证得,其具体过程则不必赘述了。

2.构造 $4N+2$ 阶幻方

继续探讨 $4N+2$ 阶幻方的构造方法。关键在于"镜框型"$4N+2$ 阶幻方基底的构成。

定义 2 称方阵 6×6 为"6 阶幻方基底",若此方阵由 $\pm 0, \pm 1, \pm 2, \cdots, \pm 17$ 共 36 个整数组成,并且每行、每列、每条对角线上 6 个数之和皆为 0。

实例一 6 阶幻方基底由上述 4 阶幻方基底再加上"镜框型"四边组成(图 2-20):

-8	10	11	12	-16	-9
-13					13
14					-14
15					-15
-17					17
9	-10	-11	-12	16	8

⟹

-8	10	11	12	-16	-9
-13	0	-1	-2	3	13
14	-4	5	6	-7	-14
15	7	-6	-5	4	-15
-17	-3	2	1	-0	17
9	-10	-11	-12	16	8

图 2-20 构造 6 阶幻方基底

实例二 10 阶幻方基底由上述 8 阶幻方基底再加上"镜框型"四边组成(图 2-21):

-33	32	35	36	-37	38	-39	-40	42	-34
41									-41
-43									43
-44									44
45									-45
-46									46
47									-47
48									-48
-49									49
34	-32	-35	-36	37	-38	39	40	-42	33

图 2-21 构造 10 阶幻方基底

读者很容易在图 2-21 空格处填上 8 阶幻方基底(图 2-18)即得到 10 阶幻方基底。

好,现在我们研究一般自然数 N、其顶一行、最右一列的排列有哪些规律。

"从个别到一般",请读者仔细观察 $N=2, N=3, N=4, N=5$ 等四个实例,从中发现共性特征,从而理解一般 N(相对应 $4N+2$ 阶)最顶一行排列的(A_1)(A_2)(A_3)组成。读者不妨以 $N=3, P=8, N^2=8\times 3^2=72$ 代入,一一验证。

限于篇幅,这里着重研究的也恰恰是推广到适合于一般自然数 N 的、对应于 $4N+2$ 阶的幻方基底的其顶一行及最右一列的排列规律。(图 2-21)

从实例二的 10 阶幻方基底"镜框型"看到的是:其顶一行为

$-33, 32, 35, 36, -37, 38, -39, -40, 42, -34$

其最后一列顶项为 -34,底项为 33,中项 8 个数自上而下依次为

$(B_1): -41, 43, 44, -45$

$(B_2): 46, -47, -48, 49$

再从实例三($N=3$)、实例四($N=4$)、实例五($N=5$)中(表 2-1),发现一般 N[对应 $(4N+2)$ 阶]顶行可为 $(A_1)(A_2)(A_3)$ 三部分。

其中 (A_1) 由和为 0 的四个数组成,(A_3) 由六个数组成的三数对,三数对的差为 $-1, -1, 2$。而 (A_2) 则由 $(N-2)\times 4$ 个数组成,每组 4 个数,和为 0。

表 2-1　4N+2 阶幻方基底排列特征

N	4N+2 阶	最顶一行排列	备注
2	10 阶	-33,32,35 36,-37,38,-39,-40,42 -34	当 $N \geqslant 3$，分 (A_1) $(A_2)(A_3)$ 三部分
3	14 阶	-73,72,75 76,-77,-78,79 80,-81,82,-83,-84,86 -74	(A_1)：由 4 个数 $-(p+1), p, p+3$ 及 $-(p+2)$ 组成
4	18 阶	-129,128,131 132,-133,-134,135 136,-137,-138,139 140,-141,142,-143,-144, 146, -130	(A_2)：由 $(N-2)\times 4$ 个数组成；每组 4 个数，和为 0
5	22 阶	-201,200,203 204,-205,-206,207 208,-209,-210,211 212,-213,-214,215 216,-217,218,-219,-220, 222 -202	(A_3)：由 6 个数组成的数对，三数对的差为 -1, -1, 2，其中 $p=8N^2$

同样类似地，也从个别到一般发现最右一列的排列特征。

$4N+2$ 阶，读者可用具体的 $N=3, p=8\times 3^2$，或 $N=4$，$p=8\times 4^2$ 代入一一验证。

一般 N, $4N+2$ 阶幻方基底，最顶一行由

(A_1): $-(p+1)$, p, $(p+3)$, $-(p+2)$ 这 4 个数组成；

(A_2): $\left.\begin{array}{l}(p+4), -(p+5), -(p+6), (p+7)\\ (p+8), -(p+9), -(p+10), (p+11)\\ \vdots\end{array}\right\}$ $(N-2)$ 组成，每组 4 个数

(A_3): 由 $\bar{p}$, $-(\bar{p}+1)$, $\bar{p}+2$, $-(\bar{p}+3)$, $-(\bar{p}+4)$, $(\bar{p}+6)$ 这 6 个数组成。

其中，$p=8N^2$, $\bar{p}=p+4(N-1)$。

引理 1 设有整数 $\pm 0, \pm 1, \pm 2, \cdots, \pm\left[\dfrac{(4N+2)^2}{2}-1\right]$，则可按 $4N$ 阶幻方基底，再加上"镜框型"四边构成 $(4N+2)$ 阶幻方基底。其中，"镜框"

(1) 顶上一行按表 2-1 $(A_1)(A_2)(A_3)$ 排列；

(2) 最右一列顶上格为 $-(p+2)$，底项为 $(p+1)$，中间 $4N$ 个数按自上而下排列 $(B_1), \cdots, (B_N)$：

(B_1): $-(\bar{p}+5)$, $\bar{p}+7$, $(\bar{p}+8)$, $-(\bar{p}+9)$

(B_2):

$$(\bar{p}+10), -(\bar{p}+11), -(\bar{p}+12), (\bar{p}+13)$$
$$\vdots$$
$$\bar{p}+4N+2, -(\bar{p}+4N+3), -(\bar{p}+4N+4), (\bar{p}+4N+5)。$$

由 $(N-1)$ 组成, 每组 4 个数

证明 限于篇幅,这里先给出 $N=2$ 为特例。

引理 2 设有 $\pm 0, \pm 1, \pm 2, \cdots, \pm 49$

$p = 8 \times 2^2 = 32$。$\bar{p} = p + 4(2-1) = 36$。"镜框型"

(1) 顶上一行: $-33, 32, 35; 36, -37, 38, -39; -40, 42, -34$。

(2) 最右一列顶项为 -34, 底项为 33, 中间 8 个数为 $-41, 43, 44, -45, 46, -47, -48, 49$。

与本文前述的完全符合(图 2-21)。

其余证明: 由 $N=K$, 推得 $N=K+1$ 成立, 由数学归纳法得到对任何 N 成立。故从略。

最后,总结上述内容,得到定理 2。

定理 2 设有自然数 $1, 2, 3, \cdots, (4N+2)^2$, 其中 N 为

任意确定的自然数,则由"幻方基底法"可构造出一类对称型$(4N+2)$阶幻方。

证明 第一步 取$\pm 0, \pm 1, \pm 2, \cdots, \pm(8N^2-1)$共$16N^2$个整数,可构造成$4N$阶幻方基底。

第二步 由引理1、引理2构造成$(4N+2)$阶幻方基底。

第三步 再由此基底,每一个负数(含-0)加$8N^2$,每一个正数(含$+0$)加$8N^2+1$,即可构造成$(4N+2)$阶幻方。

这样,构造偶次幻方的一般方法,这里本文给出了一类"对称型"偶次幻方的基本思路,即先构造幻方A的"基底",再转换成幻方A。

读者朋友们,作为本书第二章"洛书、河图与幻方"的漂亮结尾,我们还想介绍几个奇妙的"特殊幻方"。仅供品味欣赏!

"双料幻方"——幻方中每行、每列、每条对角线上的数字进行加法运算,当然必须所有的和是相同的。如果进行乘法运算呢?如果此幻方每行、每列、两条对角线上的数字乘积也是相同的。这就叫作"双料幻方"。

图 2-22 曾被认为是"世界之最"的第一个双料幻方。

46	81	117	102	15	76	200	203
19	60	232	175	54	69	153	78
216	161	17	52	171	90	58	75
135	114	50	87	184	189	13	68
150	261	45	38	91	136	92	27
119	104	108	23	174	225	57	30
116	25	133	120	51	26	162	207
39	34	138	243	100	29	105	152

图 2-22 世界第一个双料幻方

加法运算:和常数=840。

乘法运算:积常数 = 2 058 068 231 856 000,共 16 位数。

目前(1991 年)已知的乘积数也为常数的最小的双料幻方。

加法运算:和常数=760,

而乘法运算:积常数 = 51 407 748 592 000,共 14 位数。如图 2-23 所示。

还有更奇妙的所谓"二次幻方"——如果把此幻方中各位置上的数都代之以它的平方数,结果仍是幻方。所以称它为"二次幻方",如图 2-24 所示。

2	126	117	99	17	259	40	100
37	119	200	20	42	6	297	39
168	4	33	91	333	51	50	30
153	111	10	150	8	84	13	231
15	225	102	74	52	264	7	21
132	104	147	1	75	45	222	34
175	5	148	136	198	26	63	9
78	66	3	189	35	25	68	296

图 2-23 乘积数为常数的最小双料幻方

5	31	35	60	57	34	8	30
19	9	53	46	47	56	18	12
16	22	42	39	52	61	27	1
63	37	25	24	3	14	44	50
26	4	64	49	38	43	13	23
41	51	15	2	21	28	62	40
54	48	20	11	10	17	55	45
36	58	6	29	32	7	33	59

图 2-24 8 阶的二次幻方

该幻方的一次和 $S_1 = 260$,二次(平方)和 $S_2 = 11\,180$。

还有吗?有。小小的幻方也是数字万花筒里一叶色彩,能折射出千奇百怪的绚丽花朵。

三 《九章算术》的方程术与矩阵变换

中国古代数学,也曾在一些重要的领域内,取得过遥遥领先的地位,创造过许多项"世界纪录"。这些内容将在本书第十三章作简要地介绍。著名的算经十书——《周髀算经》、《九章算术》、《孙子算经》、《夏侯阳算经》、《张邱建算经》、《缀术》(后失传,代入以《数术记遗》)、《五曹算经》、《五经算术》、《缉古算经》和《海岛算经》,包含了由公元前5世纪战国时代直到公元7世纪唐朝这一千余年中国数学的主要成就。中国历代数学家为之注释或增补删改的颇不乏人,可称为中国古算的经典著作。其中最著名的一部,是成书不迟于公元1世纪的《九章算术》。它被公认为世界古代数学名著之一,已译成多种文字出版。

《九章算术》的确切起始年代还无法确定,只知在汉代经过张苍(约公元前200年)和耿寿昌(约公元前50年)的整理。1984年湖北张家山汉墓出土的西汉竹简

《算数书》(公元前 2 世纪初)与《九章算术》有很多相似的地方,可以佐证。现在传世的《九章算术》是经三国时人刘徽(公元 263 年)注的注解本。

《九章算术》思想方法的主要特点是:

(1)开放的、归纳性的表述体系。

(2)算法化的内容。

(3)模型化的方法。

(4)利用算筹作计算工具。

《九章算术》共分九章:第一章方田(分数四则运算和平面图形求面积),第二章粟米(粮食交易的计算法),第三章衰分(比例分配),第四章少广(开平方与开立方),第五章商功(体积计算),第六章均输(运输中的均匀负担计算),第七章盈不足(盈亏类问题计算),第八章方程(一次方程组解法与正负数),第九章勾股(勾股定理的应用)。《九章算术》中的某些重要计算方法,后来或原封不动或改头换面地出现在印度和西欧的数学著作中,例如"折竹问题",公元 7 世纪出现在印度梵藏的著作中,15 世纪出现在意大利 C.菲利甫(C.Philipi)的《算术》一书中。

《九章算术》的主要内容是什么呢？就是"术"。书中一般是先提出问题、给出答案,再给出"术"。解决实用问题是《九章算术》,也是中国古代数学的主要目的。

例如,《九章算术》第八章方程中的第 1 题就是:"今有上禾三秉,中禾二秉,下禾一秉,实三十九斗;上禾二秉,中禾三秉,下禾一秉,实三十四斗;上禾一秉,中禾二秉,下禾三秉,实二十六斗。问:上、中、下禾实一秉各几何。"

此题译成现代白话文就是:"现有上等黍(shǔ)3 捆,中等黍 2 捆,下等黍 1 捆,打出的黍米共 39 斗;又有上等黍 2 捆、中等黍 3 捆、下等黍 1 捆,打出黍米共 34 斗;再有上等黍 1 捆、中等黍 2 捆、下等黍 3 捆,打出黍米共 26 斗。问:上、中、下黍各 1 捆,各打黍米多少斗?"

如果设 x, y, z 分别为上、中、下禾各 1 捆所打黍米的斗数,那么,这个问题就是求解下列三元一次方程组:

$$\begin{cases} 3x + 2y + z = 39 & (1) \\ 2x + 3y + z = 34 & (2) \\ x + 2y + 3z = 26 & (3) \end{cases}$$

把这个方程组中每一个方程的系数用算筹布列起

来,就得到如图 3-1 所示的等式。

	左行	中行	右行
上禾			||	|||
中禾	||	|||	||
下禾	|||				
实	=丅	≡||||	≡||||
	(3)	(2)	(1)

图 3-1 算筹法表示方程系数

这种联立一次方程组在刘徽的《九章算术注》中就称为"方程"。它和现代代数学中讲的方程不完全相同。用筹来表示算式中的各项数字,也是世界上最早的"分离系数法"的例子。它巧妙地解决了在符号系统产生之前列线性方程组的困难。

《九章算术》还给出了解联立一次方程组的普遍方法——"方程术"。它又叫作"直除法",和现代代数学中通用的加减消元法是基本一致的。

现把上面所举例的第 1 题,依照"方程术"演算如下。

用式(1)内 x 的系数 3 遍乘式(2)各项,得
$$6x + 9y + 3z = 102 \quad (4)$$
从式(4)内"直除"式(1),也就是两次减去式(1),即(2)×3−(1)×2 得
$$5y + z = 24 \quad (5)$$
同样,式(3)×3:
$$3x + 6y + 9z = 78 \quad (6)$$
从式(6)内"直除"式(1),
得
$$4y + 8z = 39 \quad (7)$$

其次,用式(5)内 y 的系数 5 遍乘式(7)各项,得
$$20y + 40z = 195 \quad (8)$$
从式(8)内"直除"式(5),即四次减去式(5),得
$$36z = 99 \quad (9)$$
用 9 约式(9)两端,得
$$4z = 11 \quad (10)$$
用 4 除 11,便得

$$z = 2\frac{3}{4} \, (斗)$$

完全类似,式(5)乘以 4,得
$$20y + 4z = 96$$
直除式(10),得 $\qquad 20y = 85$

$$y = 4\frac{1}{4} \qquad (11)$$

用式(10)z 的系数 4 遍乘式(1),得

$$12x + 8y + 4z = 156$$

直除式(10)

$$12x + 8y = 145$$

再两次减式(11)×4,得

$$12x = 111, 4x = 37 \qquad (12)$$

最后由式(10)、式(11)、式(12)得

$$x = 9\frac{1}{4}, y = 4\frac{1}{4}, z = 2\frac{3}{4}$$

中国古代数学家在 2 000 多年以前,就掌握了如此完整的联立一次方程组的解法,这在数学史上具有非常重大的意义。这种解法,在印度最早出现于 7 世纪初婆罗摩笈多(Brahmagupta,约公元 628 年)的著作中。在欧洲,迟至 1559 年,法国数学家布丢(Buteo)才开始用不同的字母表示不同的未知数,并提出三元一次方程组不甚完整的解法(当时欧洲人尚未认识负数)。这比《九章算术》迟了 1 500 多年。至于线性方程组的完整解法,到 1693 年莱布尼茨发明行列式时才着手拟定。这也是刘徽以后 1 400 多年的事了。《九章算术》中的方程术,不但是中国

在代数学最杰出的创造之一,也是世界数学史上一份极宝贵的财富。

这里,顺便再谈谈与解线性方程组有关的一个问题——矩阵。

中国古代数学家在解线性方程组时,把算筹列成方阵(图 3-1),正好就是数字在矩阵里的排列方式。然后移动算筹,解此方程组,这也和现代矩阵的运算过程相当。例如,前面所举《九章算术》第八章方程第 1 题消元过程中的算筹图,便可写成现代代数学中矩阵的形式[①]:

$$\begin{pmatrix} 1 & 2 & 3 \\ 2 & 3 & 2 \\ 3 & 1 & 1 \\ 26 & 34 & 39 \end{pmatrix} \begin{pmatrix} 0 & 0 & 3 \\ 4 & 5 & 2 \\ 8 & 1 & 1 \\ 39 & 24 & 39 \end{pmatrix}$$

(3) (2) (1)　　(7) (5) (1)

$$\begin{pmatrix} 0 & 0 & 3 \\ 0 & 5 & 2 \\ 4 & 1 & 1 \\ 11 & 24 & 39 \end{pmatrix} \begin{pmatrix} 0 & 0 & 4 \\ 0 & 4 & 0 \\ 4 & 0 & 0 \\ 11 & 17 & 37 \end{pmatrix}$$

(10) (5) (1)　　(10) (11) (12)

---

① 矩阵下方各列的序号,对应前面各方程式的序号。

所以,这种利用直除法消元的方程术,可以理解成一种关于矩阵的运算,而且是世界上最古老的矩阵。

在世界其他各国,正式出现矩阵的概念并形成理论,是 19 世纪以后的事了。在欧洲,英国的盖雷(Cayley, 1821—1895)在 1885 年才首先创立矩阵论,并在以后用这种方法解线性方程组。这比中国要迟 1 800 多年。

四　刘徽——古代数学理论的奠基人

中国魏晋时期数学家刘徽,是中国古代数学理论的奠基人。他的杰作《九章算术注》和《海岛算经》,是中国最宝贵的数学遗产。

过去有人认为,中国古代数学只有数学方法,没有数学理论,这是极不正确的。中国科学院自然科学史研究所的专家们,近年来通过深入研究,结果表明,刘徽在《九章算术注》(公元263年)中建立的数学理论是相当完整的。他不仅对《九章算术》的全部公式和定理,给出了合乎形式逻辑的证明,对一般算法中的一些重要的数学概念也给出了严格的定义,并根据定义的性质,说明了这些算法的道理。例如,他给比例、方程组、正负数下了非常科学的定义。并运用这些定义,有效地论证了算术中的分数加减运算,代数中的方程组解法,以及几何中利用相似三角形求得的问题。

除了分数、小数、线性方程组、负数外,《九章算术》中还有世界上关于"今有术"和多位数开平方、开立方法则的最早记载,刘徽也作了精辟的阐发。"今有术"是从三个已知数求出第四个数的算法。若 $a:b=c:x$,则 $x=\dfrac{bc}{a}$。刘徽把一切比例分配问题的解法都理解为今有术的应用。这种方法,国外直到 7 世纪时才有印度人婆罗摩笈多知道。欧洲把它叫作"三数法则",又叫"黄金法则"。

13 世纪才由意大利的斐波那契首次加以介绍,而把比例和"三数法则"联系起来,却迟至 15 世纪末,比刘徽迟了 1 200 多年。

开平方、开立方法则,是从田亩面积或球的体积,求出边长或径长的算法。对非平方数开方,刘徽提出了平方根不足和过剩两个近似值的公式,并指出开方开不尽,可以继续开下去,用十进分数(小数)表示。印度到公元 500 年才出现开平方法则,欧洲对小数的应用更在 16 世纪之后。

刘徽在《海岛算经》中,通过九道典型例题,创造了一种测量可望而不可即的目标的方法——"重差术"。其造诣之深,不但大大超过了当时的西方,即使 16、17 世纪的西方的测量术比起刘徽来,也是望尘莫及。

刘徽创立的数学理论,对中国古代数学的发展有很大的影响。晚于刘徽约200年的祖冲之算出精确到七位小数的圆周率,就是运用刘徽的割圆理论实现的。刘徽的"割圆术",即通过不断倍增圆内接正多边形的边数来求圆周长的办法,远比西方先进。古希腊数学家阿基米德发现,圆面积介于圆内接 n 边形面积和圆外切 n 边形面积之间,他只算出 $3\frac{10}{71}<\pi<3\frac{1}{7}$。

刘徽则建立了新公式,令 S_n, S, S_{2n} 分别表示圆内接正 n 边形、圆、圆内接正 $2n$ 边形面积,于是有 $S_{2n}<S<2S_{2n}-S_n$,这只需用圆内接正多边形的面积,而不用外切形面积,能事半功倍。加之我们祖先用十进位制记数,乘方、开方都能较迅速地完成,数字计算要比古希腊先进得多。刘徽运用自己的割圆理论,已把圆周率算到了3.141 6,这也是当时世界上的最高纪录。阿基米德花了大量时间,只计算到圆内接正96边形;而刘徽则算到了圆内接正3 072边形,西方数学史家多半不知道此事。

1900年,德国数学家希尔伯特(Hilbert,1862—1943)在国际数学年会上,列举了哥德巴赫猜想、体积理论等

23个著名数学难题。其中的体积理论，1 700多年前中国的刘徽已有论述。他用极限的方法证明了圆面积的公式，用出入相补原理证明了勾股定理和许多面积、体积的公式。更重要的是，他还用无穷分割的方法，证明方锥体的体积公式。这一公式，比19世纪初欧洲学者提出的计算体积的理论，还要显豁自然。

五　不定方程与五家共井趣题

如果方程 $3x+2y=1$ 中未知数的个数多于方程个数,那么方程的解就有无穷多个。由于这类方程的解是不定的,数学上就把它称为不定方程。

解不定方程是比较困难的。这里仅着重介绍一点历史与趣题。而且由此看到不定方程引发出诸如费马大定理等数学史上的重大课题。

西方数学史把最早研究不定方程的功绩,归于公元 3 世纪的希腊数学家丢番图(Diophantus, 约 246—330 年)。这位数学家是巴比伦(现伊拉克所在地)人,西方代数学的鼻祖。在一本大约是 4 世纪时的希腊趣味数学书里,说他的墓碑是别开生面的,因为其题词的形式完全像一道数学题目:

过路人!这里埋着丢番图的骨灰。下面的数目可以告诉你,他的寿命究竟有多长。

他一生的六分之一是幸福的童年。

再活了十二分之一,面颊上长起了细细的胡须。

丢番图结了婚,还没有孩子,又过了一生的七分之一。

再过五年,他感到很幸福,得了头生儿子。

可是命运给这孩子在这世界上的光辉生命仅有他父亲的一半。

打从儿子死了以后,这老头儿在深深的悲痛中活上四年,也结束了尘世的生涯。

请告诉我,丢番图究竟活到多大岁数?

根据碑文,我们容易得到下列方程:

$$x = \frac{x}{6} + \frac{x}{12} + \frac{x}{7} + 5 + \frac{x}{2} + 4,$$

于是可解出

$$x = 84(岁)。$$

还可以得知:

他21岁结婚,38岁当父亲,80岁时死了儿子,84岁去世。

丢番图有一部数学著作《算术》，据他自己说有十三篇，现在尚存六篇论文。其中最突出之一，是载有许多不定方程的解法。他在处理 $Ax^2+C=y^2$，$Bx+C=y^2$ 等类型的不定方程时，显示出惊人的巧思。例如，《算术》第一篇，问题 8："把一给定的平方数分成两个平方数。"即已知 z^2，求 x^2，y^2，使得 $x^2+y^2=z^2$。这里，他取 16 作给定的平方数，得出 $x^2=\dfrac{256}{25}$，$y^2=\dfrac{144}{25}$。

这个问题经费马（Fermat，1601—1665）加以推广，提出：

$x^m+y^m=z^m$，当 $m>2$ 时无解。

又如《算术》第三篇，问题 6："求三个数，使它们的和及它们之中任两数的和都是平方数。"丢番图给出的答案是 80，320 和 41。由于他对西方代数学产生过重大影响，所以人们至今仍把只求整数解的整系数不定方程，叫作"丢番图方程"。

可是，丢番图在解不定方程时，用的都是特殊方法。这是一个非常严重的缺陷。一位德国数学史家汉克尔

(Hankel,1839—1873)说:"近代数学家研究了丢番图 100 个题后,去解第 101 个题,仍然感到困难。"因此,近代数学家如欧拉、拉格朗日、高斯等解不定方程时,还不得不另觅途径。

另外,丢番图并不知道除法,缺乏商的概念。他解方程时,只限于正根,不取负根。

然而,早在公元 1 世纪,《九章算术》盈不足章的问题中,就有不定方程问题。这比丢番图要早 200 多年。由此可见,最早研究不定方程的是中国,而不是丢番图。

《九章算术》第八章方程中的"五家共井"问题,就是颇为典型突出的一趣题。现用现代汉语叙述如下:

有五家人合用一口水井,汲水绳子各家不一样长。各家用绳去量井深:

甲家绳子长的 2 倍还差一截,差的一截正好等于乙家的绳长;乙家绳子长的 3 倍还差一截,差的一截正好等于丙家的绳长;丙家绳长的 4 倍还差一截,差的一截正好等于丁家的绳长;丁家绳长的 5 倍还差一截,差的一截正好等于戊家的绳长;戊家的绳长的 6 倍还差一截,差的一截正好等于甲家的绳长。

问:井深及各家绳长是多少?

原书虽然无解答过程,但附有答案:井深7丈2尺1寸;甲绳长2丈6尺5寸;乙绳长1丈9尺1寸;丙绳长1丈4尺8寸;丁绳长1丈2尺9寸;戊绳长7尺6寸。

这个答案对吗?

设井深为 l 个长度单位,甲、乙、丙、丁、戊各家绳长分别为 x,y,z,w,u 个长度单位。那么由题意得方程组:

$$\begin{cases} l = 2x + y & (1) \\ l = 3y + z & (2) \\ l = 4z + w & (3) \\ l = 5w + u & (4) \\ l = 6u + x & (5) \end{cases}$$

这个方程组是由六个未知数、五个方程构成的六元一次不定方程组。

由式(1)得:

$$y = l - 2x \qquad (6)$$

式(6)代入式(2)得:

$$l = 3(l - 2x) + z, z = 6x - 2l \qquad (7)$$

式(7)代入式(3)得：

$$l = 4(6x - 2l) + w, w = 9l - 24x \qquad (8)$$

式(8)代入式(4)得：

$$l = 5(9l - 24x) + u, u = 120x - 44l \qquad (9)$$

式(9)代入式(5)得：

$$l = 6(120x - 44l) + x, 265l = 721x \qquad (10)$$

方程(10)是二元一次不定方程,有解无数个。由观察可知,$l = 721$ 时,$x = 265$,从而得

$$y = 191, z = 148, w = 129, u = 76$$

如果取寸为单位长(这比较符合实际),恰恰符合原书答案。

这个不定方程组是世界上最早的一个。

这以后,中国数学家继续对不定方程进行了研究。其中,最著名是公元5世纪《张邱建算经》(公元475年)上记载的"百鸡问题"：公鸡一只值钱五、母鸡一只值钱三、小鸡三只值钱一。今有一百钱,买鸡一百只。问公鸡、母鸡、小鸡各买几只？

《算经》上给了解法和答案,而且答案极其完善。这说明中国当时研究不定方程已达到相当高的水平。原书的答案有三个:(一)公鸡 4 只,母鸡 18 只,小鸡 78 只;(二)公鸡 8 只,母鸡 11 只,小鸡 81 只;(三)公鸡 12 只,母鸡 4 只,小鸡 84 只。

读者您一定能想办法验证《算经》上的答案是正确的。还可以试试如何解答。

不定方程的内容极其丰富,还有高次不定方程。例如,1637 年法国数学家费马发现了数学上一个著名的问题——费马大定理,即不定方程 $x^n+y^n=z^n$(n 是大于 2 的整数)没有正整数解。费马是在丢番图《算术》一书拉丁文译本的一个命题(第一篇问题 8)旁写的这个猜想,并批道:"我已发现一种证法,可惜这里空白太少,写不下。"费马去世后,人们整理他的遗稿,在 1670 年才公布这一猜想。

费马大定理是数学上的一大难题,360 多年都没有人解决,现在一位英国数学家解决了,他花了 7 年解决了,其间没有写过一篇论文。

六　祖冲之与"祖率"$\frac{355}{113}$

当我们涉及现代人称 π 为"圆周率",即圆周长和直径的比时,不得不怀着非常兴奋与敬佩的心情,极为简略地提及《说不尽的 π》这本书。作者陈仁政,1943 年生于重庆,曾从事多科中学课程教学。他出版过《站在巨人肩上》等 10 多部专著。《说不尽的 π》于 2005 年出版,28 万字。

圆周率 π,是实际应用和理论研究中非常重要的一个数据。因此,德国一位数学家讲过:"历史上任何一个国家所算得的圆周率的准确程度,可以作为衡量这个国家当时数学发展的一个标志。"

中国南北朝时期有一位伟大的数学家——祖冲之(公元 429—500 年)。在世界历史上,他第一个算出了精确到小数点后七位,即共八位精确数的圆周率,并把这项世界纪录保持了近一千年。这突出地表现了中国古代数学高度发展的水平。

据唐朝魏徵(公元580—643年)等编著的《隋书·律历志》记载:"宋末,南徐州从事史祖冲之更开密法。以圆径一亿为一丈,圆周盈数三丈一尺四寸一分五厘九毫二秒七忽;朒(nù)数三丈一尺四寸一分五厘九毫二秒六忽,正数在盈朒二限之间。密率:圆径一百一十三,圆周三百五十五。约率:圆径七,周二十二。"

这里,"开"是开创;"以圆径一亿为一丈",是分直径一丈为一亿等分;"盈数"是圆周过剩近似值;"朒数"是不足近似值;"正数"是正确数值,即真值。祖冲之算出的 π 值,可用下面的不等式表示:

$$3.141\ 592\ 6 < \pi < 3.141\ 592\ 7$$

这在当时的世界,是遥遥领先的一个光辉数据,一直到公元1427年,才被阿拉伯的阿尔·卡西超过。

史书上没有证明祖冲之是用什么方法获得如此精确的结果的。据专家研究,他很可能是采用的刘徽的割圆术。按这种方法,可以算出圆内接12 288边形的面积 $S_{12\ 288} = 3.141\ 592\ 51$ 平方丈,圆内接24 576边形的面积 $S_{24\ 576} = 3.141\ 592\ 61$ 平方丈。两数相差0.000 000 10平方丈。由公式 $S_{2n}<S<S_{2n}+(S_{2n}-S_n)$。便可得到以上不等式。

祖冲之采用的这种极限思想和方法,当时在世界上是最先进的。在当时技术条件下,要具体算出这个数字,也是极其艰巨的工作。这需要从正六边形算起,不断算出内接边数增加一倍的正多边形的边长和面积。因为 $24\,576=6\times2^{12}$,所以运算中需要把同一程序反复进行 12 次,而每一程序又包括加减乘除和乘方、开方等 11 个步骤,其中有两次乘方、两次开方;每个数据又都要精确到一亿分之一。这也就是说,要对九位数字的数目进行 132 次包括开方在内的复杂运算,如果其中有一次运算错了一个数字,就得不到正确的结果。当时阿拉伯字码尚未出现,计算中用的是筹算而不是近代的笔算,其艰难程度是难以想象的。祖冲之竟能获得这一成果,充分表现了他惊人的思维能力、毅力和献身精神!

为了应用方便,祖冲之对圆周率还给出了两个分数值 $\dfrac{355}{113}$ 和 $\dfrac{22}{7}$,分别称之为"密率"和"约率"。其中,"密率" $\dfrac{355}{113}$,是一个连分数逼近数,既整齐美观、便于记忆,又是一个最佳分数(在分母不超过 113 的一切分数中,它是最精确的）。因为在 $\dfrac{355}{113}$ 和 $\dfrac{52\,163}{16\,604}$ 之间不再有最佳分数，所以可以肯定，在分母小于 16 604 的一切分数中，都不可能有比 $\dfrac{355}{113}$ 更接近 π 的分数。

要了解这个密率究竟有多精确，我们可以作个计算。$\dfrac{355}{113}=3.141\,592\,920\cdots$，它比 π 的实际值（它是超越数），这里只能有相对误差 $\dfrac{9}{10^8}$。假若计算一个直径为 10 公里的圆的周长，用此值得出的结果比真值还大不到 3 毫米！而 $\dfrac{355}{113}$ 的分子、分母，恰好又是三个最小的奇数的重复排列 113 355，很便于记忆，很便于使用。真是一件空前的杰作！

π 的这个最佳分数值，在欧洲通常认为是荷兰人安托尼兹（Anthonisz, 1527—1607）首先发现的，因此叫作"安托尼兹率"。事实上，他发现于 1585 年以后，而且是他死后才由儿子于 1625 年发表的。后来经过德国人库兹（Curtze, 1837—1903）研究，人们才知道德国数学家奥托（Otto）在 1573 年已得到这个值，时间要比安托尼兹早一些。但是祖冲之求得密率的时间是在公元462年之前,这比奥托也要早至少1 100年!

为了纪念祖冲之首创之功和非凡的成就,日本数学史家三上义夫在《中日数学发展史》(1913)中建议,把$\pi = \dfrac{355}{113}$叫作"祖率",这种叫法在中华人民共和国成立后已通行全国。

七 比牛顿内插公式更早的二次内插法

牛顿(Newton,1642—1727),大家都知道他是世界上鼎鼎有名的科学家。在数学方面,他与德国数学家莱布尼茨分别独立地创立了微积分外,还有许多创造。这里介绍一个有名的"牛顿内插公式"。

设函数 $f(x)$ 的自变量 x 依次取 $a, a+h, a+2h, \cdots$ 各值,则对应的函数值是 $f(a)$,$f(a+h)$,$f(a+2h)$,$\cdots$。

令一阶差分定义为

$$\Delta f(a) = f(a+h) - f(a),$$

$$\Delta f(a+h) = f(a+2h) - f(a+h),$$

$$\Delta f(a+2h) = f(a+3h) - f(a+2h),$$

$$\vdots$$

二阶差分定义为

$$\Delta^2 f(a) = \Delta f(a+h) - \Delta f(a)$$

$$\Delta^2 f(a+h) = \Delta f(a+2h) - \Delta f(a+h), \cdots;$$

三阶差分定义为

$$\Delta^3 f(a) = \Delta^2 f(a+h) - \Delta^2 f(a), \cdots,$$

以此类推,则

$$f(a+nh) = f(a) + n \cdot \Delta f(a)$$

$$+ \frac{n(n-1)}{2!} \Delta^2 f(a) + \cdots$$

$$+ \frac{n(n-1)\cdots(n-k+1)}{k!} \Delta^k f(a) + \cdots \quad (1)$$

(其中 n 是任意正整数),便是有名的牛顿内插公式。它最早记载于牛顿1687年出版的巨著《自然哲学的数学原理》之中。

但是,比牛顿早1 000多年,中国隋朝的天文学家就发明了二次内插法。

内插法的产生与天文学有关。例如,月球受地球、太阳等的万有引力作用,绕地球旋转,是一个不等速运动。古代为了制定历法,需要确定月球在近地点后运行的时间与经行的度数之间的关系。公元206年,东汉末天文学家刘洪造《乾象历法》,首创了推算定朔(阴历每月初一)、定望(阴历每月十五)的公式。下面我们用现代数学符号说明。设月球在近地点后的整日数为 n,月球 n 日共行度数为 $f(n)$,$\Delta = f(n+1) - f(n)$,$0 < s < 1$,其中 $f(n)$,$f(n+1)$,s 都是可以测量得出的,则刘洪公式为

$$f(n+s) = f(n) + s \cdot \Delta$$

运用这一公式,可以近似地计算出月球在近地点后 $(n+s)$ 日共行度数。因为在一整日内,月球的速度变化很大,这个公式还不精密。

从南北朝到隋朝这段时间,中国的天文学有了进一步的发展。历法的不断改进,要求使用更加精密的计算方法。公元600年,隋朝天文学家刘焯(zhuó)(544—610)在他的杰作《皇极历》中,创造了一个推算日、月、五星行度的,比以前更加精密的方法,这便是现代数学所说的"等间距二次内插法"。

什么是"等间距二次内插法"?这里作了通俗说明。大家知道,1,2,3,4,5,6,…的中间数是1.5,2.5,3.5,4.5,5.5,…。它们的求法,就是把相邻二数加起来,再用2来除。如 $(2+3) \div 2 = 2.5$,$(3+4) \div 2 = 3.5$,这是很简单的。但

是，由 $1,2,3,4,5,6,\cdots$ 各自的平方数 $1,4,9,16,25,36,\cdots$ 来求 $1,2,3,\cdots$ 的中间数的平方，如求 $(2.5)^2$ 等，就不能用上面的方法了。因为 $(4+9)\div 2=6.5$，而 $(2.5)^2=6.25$。

未作平方前的 $1,2,3,4,5,6,\cdots$，彼此之间的间距相等，都是1；所以把平方后的数 $1,4,9,16,25,36,\cdots$ 称为"等间距二次数"。

根据已知数的"等间矩二次数"，来求已知数的中间数的平方数，就不简单，就需要用"等间距二次内插法"。

刘焯就是创立这种方法的第一个人。他掌握了上面 $1,4,9,16,25,36,\cdots$ 之间的关系，就可以算出 $(1.5)^2$，$(2.5)^2,\cdots$，以及 $(1.7)^2$，$(2.8)^2,\cdots$，$(6.37)^2$，等等。下面用现代符号介绍他的公式。

设 $f(t)$ 是时间 t 的函数，l 为 t 时间内每一个分段的时间，设 n 为正整数，$0<s<t$。

已知 $n=1,2,3,\cdots$ 时，$f(nl)$ 的各个对应值，求 $f(nl+s)$ 的值。

令
$$\Delta_1 = f(nl+l) - f(nl)$$
$$\Delta_2 = f(nl+2l) - f(nl+l)$$

刘焯公式为

$$f(nl+s)=f(nl)+\frac{s}{l}\cdot\frac{\Delta_1+\Delta_2}{2}+\frac{s}{l}(\Delta_1-\Delta_2)-\frac{s^2}{2l^2}(\Delta_1-\Delta_2)$$

求太阳视行度数时,l 为一个节气①的时间;求月行度数时,l 为一日的时间。

在 $l=1$ 时,刘焯公式可以简化为

$$f(n+s)=f(n)+s\left(\frac{\Delta_1+\Delta_2}{2}\right)+s(\Delta_1-\Delta_s)-\frac{s^2}{2}(\Delta_1-\Delta_2) \quad (1)$$

刘焯的公式也只能得出 $f(n+s)$ 的近似值,因为日、月、五星在任何时间内的速度都不是等加速的,函数 $f(t)$ 不是二次函数。但比刘洪求月行度数的公式精密得多了。

公元 727 年,唐朝天文学家僧一行(张遂)(683—727)造《大衍历法》。人们一直错误地认为,太阳在黄道②上的视运动是均匀不变的,因而过去历法把全年平均分为 24 个节气。僧一行经过仔细观察和计算,发现太阳在冬至时运行最快,以后渐慢,到春分速度平,夏至最慢,

---

① 二十四气是中国历法:十二个节气(清明、立夏、芒种、……、惊蛰)、十二个中气(春分、谷雨、小满、……、雨水)。

② 地球绕着太阳运行,每年绕一周。古代在地球上的人不觉得地球在运动,只看到太阳在空中运行,黄道就是太阳在天空里视运动的轨道。

夏至后则相反。秋分至冬至,冬至到春分,都是88.89天,春分到夏至,夏至到秋分,都是93.73天,每段都分成六个节气。这是僧一行在中国历法上的一项重大改革。他在求太阳经行度数时,主张用"定气"计算。考虑到两个节气间的时间l不是一个常量,他便在刘焯内插公式的理论基础上,创立了自变量"不等间矩二次内插公式":

$$f(t+s)=f(t)+s\cdot\frac{\Delta_1+\Delta_2}{l_1+l_2}+s\left(\frac{\Delta_1}{l_1}-\frac{\Delta_2}{l_2}\right)-\frac{s^2}{l_1+l_2}\left(\frac{\Delta_1}{l_1}-\frac{\Delta_2}{l_2}\right) \quad (2)$$

这就使对太阳经行度数的计算更精确了。

公元822年,晚唐时期天文学家徐昂造《宣明历》中所用的内插公式,比僧一行的公式更简便,可以由定气时刻的太阳在黄道上的经度,推算任何时刻的经度。他推算月球近地球后$(n+s)$日经行度数,所用的公式,与刘焯公式也是一致的,不过更简明。它可写成

$$f(n+s)=f(n)+s\cdot\Delta\cdot f(n)+\frac{s(s-1)}{2}\cdot\Delta^2\cdot f(n) \quad (3)$$

其中 $\Delta f(n)=\Delta_1=f(n+1)-f(n)$

$\Delta^2 f(n)=\Delta_2-\Delta_1$
$=[f(n+2)-f(n+1)]-[f(n+1)-f(n)]$

分别叫作一阶差分、二阶差分。

从数学的角度看,在三阶差分 $\Delta^3 f(n) = 0$ 的条件下,公式(1)与公式(3)同有名的牛顿内插公式完全一致。

中国的刘焯在牛顿之前1 000多年,便首先发明了二次内插法。这实在是当时举世无双的非凡成就!

八　杨辉三角与秦九韶的《数书九章》

公元 11 世纪,中国北宋时期数学家贾宪创造了可以开任意高次幂的高次开方法。正如开平方要利用公式 $(a+b)^2=a^2+2ab+b^2$ 一样,高次开方法需要知道 $(a+b)^n$(n 为正整数)各高次方展开式各项系数。

$(a+b)^3=a^3+3a^2b+3ab^2+b^3$。

$(a+b)^4=a^4+4a^3b+6a^2b^2+4ab^3+b^4$。

$(a+b)^5=a^5+5a^4b+10a^3b^2+10a^2b^3+5ab^4+b^5$。

$(a+b)^6=a^6+6a^5b+15a^4b^2+20a^3b^3+15a^2b^4+6ab^5+b^6$。

等等。

如果再补充 $(a+b)^1=a+b$,$(a+b)^0=1$ 这两个公式,并把它们的系数排列起来,就得到一个二项式展开式系数表(图 8-1)。

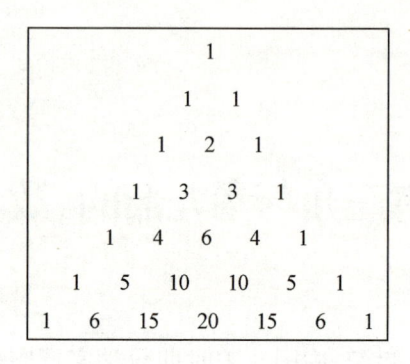

```
            1
          1   1
        1   2   1
      1   3   3   1
    1   4   6   4   1
  1   5  10  10   5   1
1   6  15  20  15   6   1
```

图 8-1 二次式展开式系数

这个由数字组成的三角形数表,具有许多重要的特点。第一,除第一行外,每行两端都是 1;除 1 以外,每个数都等于肩上两个数之和。第二,每一横行都表示着 $(a+b)^n$ 展开式中的系数,其中 n 等于行数减 1,例如第七行就表示 $(a+b)^6$ 的展开式中的系数。第三,由前面两个性质,我们可以借助此表求出 $n=7,8,9,\cdots$ 时二项式展开式的各项系数。

总之,图 8-1 这个表不但给出了二项式展开式的系数,而且还给出了求这些系数的方法。

这个表的出现,标志着人们已知道 $(a+b)^n$ 各高次方展开式各项的系数,也标志着人们已掌握了高次幂的开方法。

由于这个表作用很大,数学史上专门给它取过一些名称。在西方,人们一般认为是法国数学家帕斯卡(Pascal,1623—1662)于1653年首先发现的,所以把它叫作"帕斯卡三角"。

关于帕斯卡,历史上有过不少记载和传说。他的父亲也是一个数学家,对他这个独子自幼精心培养。为了让他先打好古代语的基础,他父亲不许他过早接触数学,可这禁令反而激起了他的好奇心。他12岁时,用木炭在地上画图,竟独立推出三角形内角和等于二直角和的定理。这使他父亲欣喜若狂,开始让他读欧几里得《几何原本》,钻研数学。他在16岁写成《圆锥曲线论》,这是当时射影几何方面的一个出色成就;他19岁时,发明了世界上第一台机械加法计算机;23岁时,推测出大气压力的存在;他还发现了流体力学的"帕斯卡原理"。他终生为病魔所缠,但对17世纪的射影几何作出了重要贡献,在概率论方面的工作也很有名。由于他在欧洲最早发现了三角形数表,所以西方数学史很自然地认为,这个数表应该叫作"帕斯卡三角"。

但是,人们后来发现,15世纪阿拉伯数学家阿尔·卡西在1427年于所著《算术之钥》一书中,也记载过此表。

那么，到底是谁最早发现这个数表呢？事实上，中国的贾宪，在更早的1023—1050年间所著的《黄帝九章算法细草》中，就已经得出了这个三角形数表，并给它取了个名字，叫作"开方作法本源"图。这比阿尔·卡西早400年，比帕斯卡更早600多年。所以，这个表应叫作"贾宪三角"。

可惜的是，贾宪的著作早已失传。

下表最早见于中国南宋时期数学家杨辉1261年所著的《详解九章算法》中，如图8-2所示。因此，现行高中数学课本又把它叫作"杨辉三角"。

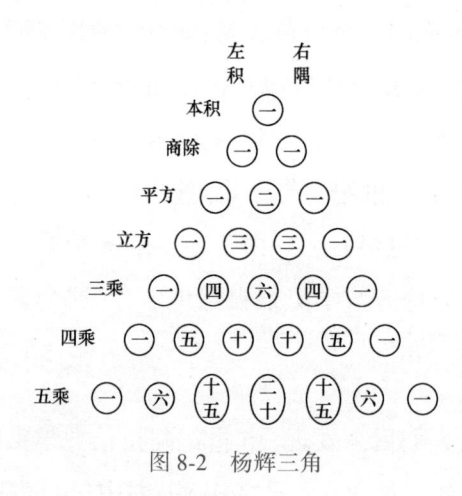

```
                        左      右
                        积      隅
              本积       一
              商除       一      一
              平方       一  二  一
              立方       一  三  三  一
              三乘       一  四  六  四  一
              四乘       一  五  十  十  五  一
              五乘       一  六 十五 二十 十五 六  一
```

图 8-2　杨辉三角

杨辉在他的著作中,详细地介绍了这个三角形表的构造、用法,并明确指出,此表"出《释锁》算书,贾宪用此术"("释锁"即开方,或解数字方程)。这一成果和勾股定理、圆周率的计算等光辉成就一起,突出地反映了中国古代数学高度发展的水平,显示了中国古代人民高度的智慧和才能。

"贾宪-杨辉三角"蕴含着丰富的数学性质,并且有广泛的应用。下面我们再举一道有趣的数学题为例。

四个1,能写出的最大数是多少?是$11×11$吗?不是。是1111吗?也不是。答案是11^{11}。

先让我们算一下11的平方、三次方、四次方,分别为

$$11^1 = 11, \qquad 11^2 = 121,$$
$$11^3 = 1\,331, \qquad 11^4 = 14\,641。$$

若加上$11^0 = 1$,这不正是"杨辉三角"的前几行吗?事实上,$11^n = (10+1)^n$,只要按"杨辉三角"的规律把表列下去,就可以计算11的任何次乘方。(图8-3)

```
0                              1
1                            1   1
2                          1   2   1
3                        1   3   3   1
4                      1   4   6   4   1
5                    1   5   10  10  5   1
6                  1   6   15  20  15  6   1
7                1   7   21  35  35  21  7   1
8              1   8   28  56  70  56  28  8   1
9            1   9   36  84  126 126 84  36  9   1
10         1   10  45  120 210 252 210 120 45  10  1
11       1   11  55  165 330 462 462 330 165 55  11  1
```

图 8-3　用"杨辉三角"计算 11^n ($n=0,1,\cdots,11$)

例如计算 11^3，只要将 3 所对的一行依次迭加起来，

$$
\begin{array}{r}
1\\
3\\
3\\
1\\
+)\ \hline
1\ 3\ 3\ 1
\end{array}
$$

便得 $11^3 = 1\,331$。

又如计算 11^5,可取出 5 所对的一行,依次迭加起来,便得 $11^5 = 161\,051$。同样,$11^{11} = 285\,311\,670\,611$。

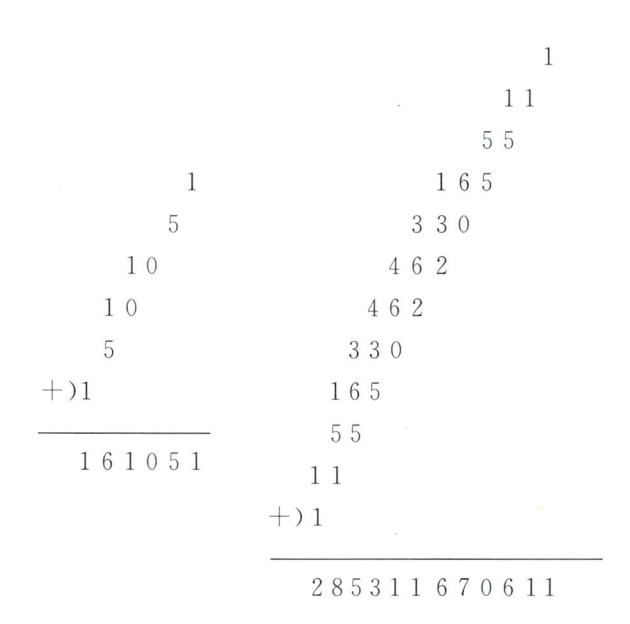

```
                                    1
                                  1 1
                                  5 5
          1                     1 6 5
          5                     3 3 0
        1 0                     4 6 2
        1 0                     4 6 2
          5                     3 3 0
       +)1                      1 6 5
       ─────                      5 5
       1 6 1 0 5 1               1 1
                                +)1
                              ─────────────
                              2 8 5 3 1 1 6 7 0 6 1 1
```

华罗庚教授专门写过一本书《从杨辉三角谈起》,对它做过精辟的发挥。有兴趣的话,找来读一读吧。

"贾宪-杨辉三角"流传至今,仍然受到人们的重视。

杨辉,字谦光,钱塘(今浙江省杭州市)人,南宋时期数学家。他对中国古代数学突出的贡献,是在他 1261 年所著 12 卷《详解九章算法》(附《纂类》)中最早转载了贾宪的"增乘开方法"和"开方作法本源"图。此书部分已失传,《永乐大典》中还保存了一部分。

在《详解九章算法》中,杨辉还论述了级数求和问题。其中有:

$$S = 1^2 + 2^2 + 3^2 + \cdots + n^2 = \frac{n}{3}(n+1)\left(n+\frac{1}{2}\right)。$$

$$S = 1 + 3 + 6 + 10 + \cdots + \frac{n(n+1)}{2} = \frac{1}{6}n(n+1)(n+2)。$$

他在1274年所编的三卷《算法通变本末》中,也讨论了类似问题,并用了以上公式。他和北宋时期的沈括(1031—1095)、元朝的朱世杰,同为世界上最早研究高阶等差级数的人。

杨辉在1275年还著了两卷《续古摘奇算法》,题目意义是"解释数的奇异性质的古代数学方法的延续"。这本书还列出了各式各样的"纵横图",是世界上对幻方的最早系统研究和记载。

杨辉在《续古摘奇算法》和《算法变通本末》("互变量数学的来龙去脉")中,不满足于利用已有的方法,强调了理论根据的重要,并对一些几何命题进行了理论证明。

这对中国古代演绎几何学的独立发展，也起了很大的推动作用。

让我们再介绍一位南宋末年的著名数学家秦九韶。他出生在四川省，生卒年大约是公元1202—1261年。他多才多艺，对天文、音律、数学、建筑都有爱好。据他自述，幼年他跟随父亲到中都（南宋都城，今浙江省杭州市）时，学习数学曾从多方面得到名师指点。公元1226年左右，他随父亲回到四川。稍后，他在四川任县尉官。1236年后，北方元兵攻入四川。在政治动乱的年代里，他埋头钻研数学，潜心攻读达十余年之久。1244年，因母亲病故，他弃官在家守孝。在这居家的三年中，他编写了《数学九章》。到1247年9月，他写成该书序，最终完成了流传至今的杰出的数学著作——《数书九章》。

《数书九章》是采用问题集的形式成书，共搜集八十一题，分为九大类。有许多问题是相当复杂的。例如，九卷"赋役类"中的"复邑修赋"一题的答案竟有180条数据！从一定意义上讲，《数书九章》是中世纪中国数学发展的一个高峰，是很值得人们珍惜的一部数学著作。

《数书九章》的主要成就：记载了高次方程的数值解法和"大衍求一术"。后一个成就，将在下章中专门介绍。

这两项成就,在当时都是全世界最为先进的。

《数书九章》改进了联立一次方程组的解法。古代《九章算术》采用的"直除法"(参看本书第三章)"方程名称与方程术"。秦九韶改用"互乘法",即令两个方程的 x 项系数互乘各方程,一次相减就可消去 x 项。这种互乘法和今天普遍应用的"加减消元法"完全一致。

《数书九章》中还得出了用三角形三边之长求其面积的公式,即秦九韶所述的"三斜求积术"。

设三角形的三边长为 a,b,c,面积为 S,秦九韶推出了以下公式:

$$S = \sqrt{\frac{1}{4}\left[a^2b^2 - \left(\frac{a^2+b^2-c^2}{2}\right)^2\right]}$$

这个公式和西方有名的海伦(Heron,古希腊)公式是等价的。

以上事实充分说明,秦九韶对中世纪的中国数学和世界数学都作出了杰出贡献。

九　驰名世界的中国剩余定理

早在公元 4 世纪前,中国数学著作《孙子算经》中就提出过著名的"孙子问题":"今有物不知其数,三三数之剩二,五五数之剩三,七七数之剩二,问物几何?"

用现代数学符号来记就是:求一最小正整数 N,满足联立一次同余式:
$$\begin{cases} N \equiv 2(\bmod 3) \\ N \equiv 3(\bmod 5) \\ N \equiv 2(\bmod 7) \end{cases}$$
这里,符号 $N \equiv 2(\bmod 3)$ 表示:N 除以 3 余 2。一般地,符号 $N \equiv r(\bmod m)$ 表示 N 除以 m 余 r;或者说,N 与 r 同除以 m,其余数相同。

在中国解联立一次同余式,是同天文、历法中推算日、月、五星运动的周期有着密切联系的一个数学问题。公元 5 世纪,祖冲之在《大明历》中,求解过 11 个联立一次同余式问题。公元 1247 年,南宋数学家秦九韶在《数书九章》一书中,创造了一种著名的方法:"大衍求一术"。他用这种方法解联立一次同余式问题,获得了十分完备的效果,给中国和世界数学史增添了光辉的一页。

大衍求一术与现代的求最大公约数的辗转相除法类似。

在西方,直到公元 18 世纪瑞士数学家欧拉(Euler,1707—1783)、法国数学家拉格朗日(Lagrange,1736—1813)才对这个问题进行了系统的研究。1801 年,德国数学家高斯(Gauss,1777—1855)在《算术研究》中才明确地得到这个问题的解法,并命名为高斯定理。但是,他们比秦九韶迟了 500 多年。与《孙子算经》比较,则要迟 1 500 多年了!公元 1852 年,英国基督教传教士伟烈亚力(Alexander Wylie,1815—1887)将"孙子定理"的解法传入欧洲,引起了西方数学界人士的极大兴趣。1874 年,德国数学家马蒂生(Mathiesen,1830—1906)指出:"孙子问题"的解法符合高斯定理。这以后,西方数学家便将这一定理称为"中国剩余定理"了。这个定理至今仍然闻名海外。

什么叫大衍求一术呢?通俗说来,就是求"一个数的多少倍除以另一数,所得余数为 1"的方法,即求"$a \cdot M \equiv 1 \pmod{m}$ 中的 a"的方法。

若 $M>m$，设 $M=mq_0+M_1$，$M_1<m$，则同余式

$$a \cdot M_1 \equiv 1 (\mod m)$$

是和 $a \cdot M_1 \equiv 1(\mod m)$ 同价的。

用 M_1，m 二数辗转相除，得到一连串的商数 q_1，q_2，$\cdots$，q_n，到第 n 次的余数 $r_n=1$ 为止，但 n 必须是一个偶数。如果 r_{n-1} 已经等于 1，那么，以 1 除 r_{n-2} 得商 $q_n=r_{n-2}-1$，余数 r_n 还是等于 1。和辗转相除同时，按照一定的规则，依次计算 K_1，K_2，$\cdots$，K_n。

$$\begin{cases} m=M_1q_1+r_1, K_1=q_1 \\ M_1=r_1q_2+r_2, K_2=q_2K_1+1 \\ r_1=r_2q_3+r_3, K_3=q_3K_2+K_1 \\ \quad \vdots \\ r_{n-2}=r_{n-1}q_n+r_n(r_n=1), K_n=q_nK_{n-1}+K_{n-2} \end{cases}$$

例如，2 970 的多少倍除以 83，所得余数为 1？即求解：$a \cdot 2\,970 \equiv 1(\mod 83)$。

现在，我们用大衍求一术来解答此题，其步骤是：

$$2\,970=35\times83+65$$

$$83=1\times65+18, 令 \quad K_1=1$$

$$65 = 3 \times 18 + 11, \quad K_2 = 3 \times K_1 + 1 = 4$$

$$18 = 1 \times 11 + 7, \quad K_3 = 1 \times K_2 + K_1 = 5$$

$$11 = 1 \times 7 + 4, \quad K_4 = 1 \times K_3 + K_2 = 9$$

$$7 = 1 \times 4 + 3, \quad K_5 = 1 \times K_4 + K_3 = 14$$

$$4 = 1 \times 3 + 1, \quad K_6 = 1 \times K_5 + K_4 = 23$$

由此得出 $a = K_6 = 23$。(注：当 K_n 左式的余数已经是 1，且 n 为偶数时，那么 $a = K_n$；当 K_n 左式的余数为 1，n 为奇数时，那么 $a = K_{n+1}$。)

至于大衍求一术的原理，限于篇幅，不再说明，大家可自行拓展阅读。

只要从形式上知道了大衍求一术，我们就可向大家详细介绍"孙子问题"的解法了。

在宋朝时期刻印的《孙子算经》中，有这么一段解答："答曰：二十三。""术曰，三三数之剩二置一百四十，五五数之剩三置六十三，七七数之剩二置三十，并之得二百三十三，以二百一十减之即得。凡三三数之剩一则置七十一，五五数之剩一则置二十一，七七数之剩一则置十五。一百六以上，以一百五减之，即得。"

也即 $2\times70+3\times21+2\times15=140+63+30=233,233-2\times105=23$。

由"中国剩余定理"知下列联立一次同余式

$$\begin{cases} N \equiv R_1 (\bmod\ 3) \\ N \equiv R_2 (\bmod\ 5) \\ N \equiv R_3 (\bmod\ 7) \end{cases}$$

解为 $N=70R_1+21R_2+15R_3-105P$(其中 P 为整数)。

这里的 70,21,15 是怎么得出来的呢?现回答如下:

70 是这样的数,3 除余 1,5 和 7 除能除尽。因此,70 这个数就是求解同余式 $a\cdot35\equiv1(\bmod\ 3)$ 得来的。

21 是这样的数,5 除余 1,3 和 7 能除尽。

15 是这样的数,7 除余 1,3 和 5 能除尽。

为了便于记忆 70,21,15,105 这四个常数,中国明朝数学家程大位在《算法统宗》(1592)一书中,把这种解法编成了诗歌,现抄录于后,供大家欣赏。

"三人同行七十稀,五树梅花廿一枝,
七子团圆正半月,除百零五便得知。"

"孙子问题"颇有猜谜的趣味,它的解法也很巧妙,流传到后世,取有各种奇妙的名称,如"秦王暗点兵""剪管术""鬼谷算""韩信点兵"等,在民间群众的文娱活动中也常常可以见到。

韩信是中国古代的一位杰出的军事家,为了保守军机,曾运用数学于军事之中,"韩信点兵"即一有名的例子。

其方法是:令士卒从 1 至 3 报数,记下末卒所报之数;次令士卒从 1 至 5 报数,记下末卒所报之数;再令士卒从 1 至 7 报数,记下末卒所报之数。

这样韩信就很快算出了士兵的总人数。

想起童年时代家父给油坊桥街青少年出的一道趣题:有油桶三只分别能装 10 斤、7 斤、3 斤,问若有装满 10 斤油的大桶如何倒来倒去,分成 5 斤、5 斤装在两只大桶里?

叙述用模拟表示:

$$\begin{matrix} 大桶10斤 \\ 中桶0斤 \\ 小桶0斤 \end{matrix} \begin{pmatrix} 7 & 7 & 4 \\ 0 & 3 & 3 \\ 3 & 0 & 3 \end{pmatrix} \begin{pmatrix} 4 & 1 & 1 \\ 6 & 6 & 7 \\ 0 & 3 & 2 \end{pmatrix} \begin{pmatrix} 8 & 8 & 5 \\ 0 & 2 & 2 \\ 2 & 0 & 3 \end{pmatrix} \begin{pmatrix} 5 \\ 5 \\ 0 \end{pmatrix}$$

到了第 10 种状态,结果成功了!

十　招差术与朱世杰公式

中国古代数学家不仅熟悉等差级数,而且在对高阶等差级数进行研究时,发现其规律性颇强,给出的求和公式富有启发性。

如果一个级数(例如,1,3,5,7,…)的每一项减去它的前面一项所得的差都相等,那么,这个级数叫作等差级数。

如果一个级数(例如,1,4,9,16,…)的每一项减去它的前面一项所得的差构成一个等差级数,那么这个级数叫作二阶等差级数。

如果一个级数的每一项减去它的前面一项所得的差构成一个二阶等差级数,那么这个级数叫作三阶等差级数。依此类推,二阶以上的等差级数统称为高阶等差级数。

由于许多实际问题都涉及了高阶级数的求和,所以这个问题吸引了不少数学家。中国北宋时期科学家沈括(1031—1095)在其所著《梦溪笔谈》中,南宋数学家杨辉在其所编《详解九章算法》(1261)中,元朝天文学家郭守敬等在编定有名的《授时历》(1280)中都对这个问题进行过研究,并获得了一些成果。

公元1303年,元朝数学家朱世杰,集宋朝数学家之大成,最终完成了这项研究工作。他在《四元玉鉴》一书中,通过许多实例得出了一系列高阶等差级数的求和公式。不仅如此,他还创造了研究高阶等差级数的普遍方法——"招差术"("逐差法")。他用这种方法得出了三阶等差级数的求和公式。我们借用现代数学符号把这个公式书写为

$$S_n = na_1 + \frac{1}{1 \cdot 2}n(n-1)d_1 + \frac{1}{1 \cdot 2 \cdot 3}n(n-1)(n-2)d_2 +$$

$$\frac{1}{1 \cdot 2 \cdot 3 \cdot 4}n(n-1)(n-2)(n-3)d_3 \qquad (A)$$

其中,n为项数,a_1为首项,d_1为一次差的首项,d_2为二次差的首项,d_3为三次差的首项。

这里,朱世杰在世界数学史上,第一次正确地列出了三阶等差级数的求和公式。为了以后叙述的方便,我们

就把这个公式称为朱世杰公式。

高中所学的等差数列①的求和公式

$$S_n = na_1 + \frac{1}{2}n(n-1)d$$

就是朱世杰公式的一个特例(令$d_1=d, d_2=d_3=0$,即得)。

数列:$1,3,6,10,15,\cdots$的每一项可看作一个等差级数的和。事实上,令$S_1=1, S_2=1+2=3, S_3=1+2+3=6, \cdots$那么,$S_n = 1+2+3+\cdots+n = \frac{n(n+1)}{2}$。

许多重要的级数都可用朱世杰公式求和。例如现行高中数学课本中经常用到的级数$1^2, 2^2, 3^2, \cdots, n^2$,便是一个二阶等差级数的求和问题。只要在朱世杰公式中,令$a_1=1, d_1=3, d_2=2, d_3=0$,即可推得公式:

$$1^2+2^2+3^2+\cdots+n^2 = n+\frac{1}{2}n(n-1)\cdot 3+\frac{2n(n-1)(n-2)}{6}$$

即 $1^2+2^2+3^2+\cdots+n^2 = \frac{n(n+1)(2n+1)}{6}$。

不仅如此,朱世杰公式还有更深远的意义,用它可推

---

① 依照某种规则排列着的一列数$a_1, a_2, a_3, \cdots, a_n, \cdots$称为数列;若把这一列数用和号联接起来:$a_1+a_2+a_3+\cdots+\cdots$,则称为级数。

出任意高阶等差级数的求和公式。

朱世杰公式和现代所谓的"牛顿公式"完全一致。但是英国著名数学家牛顿,直到公元 1676—1678 年才获得高阶等差级数的求和公式,比朱世杰晚了近 400 年。

朱世杰的《四元玉鉴》一书中,用"招差术"共求解高阶等差级数问题五个,这里择其一题来说明朱世杰是怎样运用"招差术"的。

这个问题是:某地招兵,第一日招 3^3 人,第二日招 4^3 人,第三日招 5^3 人,……,第十三日招 15^3 人。问:共招兵多少人?

朱世杰使用"招差术",使计算大为简化。算法如下:设 a_n 表示第 n 日招兵人数,S_n 表示 n 日共招兵的人数。于是有 $a_1=3^3, a_2=4^3, a_3=5^3, \cdots, a_{13}=15^3$。将这些数列成以下形式(现代数学上叫作差分表):

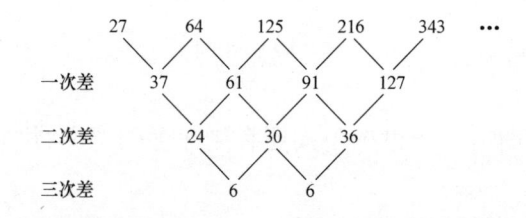

```
         27    64    125    216    343   ...
一次差      37    61    91    127
二次差         24    30    36
三次差            6     6
```

由上述形式可知,这是一个三阶等差级数,且

$a_1 = 27, d_1 = 37, d_2 = 24, d_3 = 6$；

代入朱世杰公式(A)(注意 $n = 13$)得

$$S_{13} = 13 \cdot 27 + \frac{1}{1 \cdot 2} \cdot 13 \cdot 12 \cdot 37 + \frac{1}{1 \cdot 2 \cdot 3} \cdot 13 \cdot 12 \cdot 11 \cdot 24 +$$

$$\frac{1}{1 \cdot 2 \cdot 3 \cdot 4} \cdot 13 \cdot 12 \cdot 11 \cdot 10 \cdot 6$$

$$= 351 + 2\ 886 + 6\ 864 + 4\ 290$$

$$= 14\ 391$$

即招兵总数为 14 391 人。

好,现在我们根据朱世杰公式(A)能列出四阶、五阶等差级数的求和公式:

四阶公式为

$$S_n = na_1 + \frac{1}{1 \cdot 2}n(n-1)d_1 +$$

$$\frac{1}{1 \cdot 2 \cdot 3}n(n-1)(n-2)d_2 +$$

$$\frac{1}{1 \cdot 2 \cdot 3 \cdot 4}n(n-1)(n-2)(n-3) \cdot d_3 +$$

$$\frac{1}{1 \cdot 2 \cdot 3 \cdot 4 \cdot 5}n(n-1)(n-2)(n-3)(n-4)d_4$$

五阶公式为

$$S_n = na_1 + \frac{1}{1\cdot 2}n(n-1)d_1 +$$

$$\frac{1}{1\cdot 2\cdot 3}n(n-1)(n-2)d_2 +$$

$$\frac{1}{1\cdot 2\cdot 3\cdot 4}n(n-1)(n-2)(n-3)d_3 +$$

$$\frac{1}{1\cdot 2\cdot 3\cdot 4\cdot 5}n(n-1)(n-2)(n-3)(n-4)d_4 +$$

$$\frac{1}{1\cdot 2\cdot 3\cdot 4\cdot 5\cdot 6}n(n-1)(n-2)(n-3)(n-4)(n-5)d_5$$

现在,我们相信读者一定可以写出六、七、八…阶公式了!

高阶等差级数的求和公式规律性强,便于记忆,在实际计算中给我们带来了极大的方便。

十一　孙膑与运筹学思想

古代数学家孙膑(约前360—前330年),是战国时期齐国人,著名的《孙子兵法》作者孙武的后代。曾经因受庞涓嫉妒,被骗到魏国施以膑刑(去掉膝盖骨),所以他取名叫膑。

孙膑后来逃回齐国,作了齐国大将田忌的门客。当时齐威王常同田忌赛马,两人各出上、中、下等三匹马比赛,每局以千金为赌注,而齐威王的上、中、下等三匹马,都分别比田忌的上、中、下等三匹马好,怎么才能获胜呢?

田忌和齐威王出马比赛,一共有六种方案。(图11-1)其中有五种方案,田忌不是连输三局就是二负一胜,而只有孙膑建议的方案——先用下马对齐威王的上马,再用上马对齐威王的中马,最后用中马对齐威王的下马,结果一负二胜,赢得千金。

田忌赛马获胜,齐威王大为惊讶。经田忌推荐,任命

齐威王出马	方案1		方案2		方案3		方案4		方案5		方案6	
	田忌出马	结果	田忌出马	结果	田忌出马	结果	田忌出马	结果	田忌出马	结果	田忌出马	结果
上	上	负	上	负	中	负	中	负	下	负	下	负
中	中	负	下	负	上	胜	下	负	中	负	上	胜
下	下	负	中	胜	下	负	上	胜	上	胜	中	胜

图 11-1　田忌赛马方案

孙膑为齐国军师。后来孙膑指挥齐兵,几次大败魏国将军庞涓。庞涓智穷兵败,自杀而死。

"田忌赛马"典故包含着深刻的对策论思想。

对策论是美国数学家冯·诺伊曼(von Neumann, 1903—1957)于1944年才正式创立的。这比孙膑的"田忌赛马"迟了2 200多年。可以说,中国古代数学家孙膑,是对策论当之无愧的始祖。

运筹学是一门从各种可能的方案中选择最优方案的新兴应用数学,其中包括对策论、规划论、排队论、最优化方法等分支。

中国著名数学家华罗庚曾经大力宣传推广优选法,就是运筹学的一个分支。

十二 《庄子》的极限思想

庄子,名周,蒙县(今河南省商丘县)人,约前369—前286年,是中国古代著名哲学家。

庄子与他的学生所著《庄子》,现存33篇,其中有很多关于数学的记载,如最先把数与图联系起来,提出了"洛书"的九个数。第33篇《天下篇》,包含了许多数学道理,最后一段记载了庄子的好朋友惠施(约前370—前310年)等的学说。如"至大无外,谓之大一;至小无内,谓之小一。"意思说,至大是没有边界的,这叫作无穷大;至小是没有内部的,这叫作无穷小。这说明立论者对无穷大和无穷小有一定的认识。

最脍(kuài)炙(zhì)人口的一句话是:"一尺之棰(chuí),日取其半,万世不竭。"意思是:一尺长的棍子,第一天取去一半,第二天取去剩下来的一半,这样永远也取不尽。这便是一种原始形态的极限观点。用数字来表达

此过程:

$$1, \frac{1}{2}, \frac{1}{4}, \frac{1}{8}, \cdots, \frac{1}{2^n}, \cdots (n \text{ 是自然数 } 1,2,3,\cdots)$$

极限概念是微积分学中最基本、最重要的概念。而牛顿、莱布尼茨发现并创立微积分学,则已经是 17 世纪下半叶的事了。

《庄子》中上述著名论断,可以说是最古老的极限概念。现在大学数学课程讲极限时仍常常被引用。由此可见,古代思想家庄子等思想惊人的深邃。

《九章算术》中有一题说:"女子善织,日自倍",即考察了无穷大量:

$$1, 2, 2^2, 2^3, \cdots, 2^n, \cdots$$

刘徽(公元 3 世纪)用圆内接正六边形递次倍增边数的方法来逼近圆周,他说:"割之弥细,所失弥少,割之又割,以至于不可割,则与圆合体而无所失矣。"这也是运用了极限的方法。

十三　中国古代数学的成就

中国数学发达的历史，至今已有 5 000 多年。世界上文明古国的数学史，希腊从公元前 6 世纪到公元后 4 世纪，只有 1 000 年左右。阿拉伯仅限于公元 8—13 世纪。现在欧洲这些国家，公元 10 世纪以后才有数学的历史。日本数学发达的时间，也是在 17 世纪以后。除中国外，数学史悠久的要算印度，但也只有 3 500 年至 4 000 年左右。所以，中国要算世界上数学历史最长的国家。

中国古代数学史可分为四个时期。下面介绍一个简要的轮廓。

1.上古期

从公元前 3000 年左右的原始公社时期到公元前 207 年的秦朝末年。

与数学有关的代表人物有传说中的伏羲氏、黄帝、隶首和夏禹、商高、墨翟等。

主要成就有结绳记数、规矩作图、算筹十进位值制、八卦二进位制、《墨经》几何学、勾股定理、乘法九九口诀及数学教育等。

本书第一章、第二章已经对二进制、八卦、洛书、河图与幻方有所介绍,第十一章、第十二章分别介绍了田忌赛马的故事与《庄子》深邃的极限思想,这些都是中国上古期数学的卓越贡献。

2.中古期

即汉、唐时期,从公元前206年到公元后960年。

代表人物有魏晋的刘徽——古代数学理论的奠基人(第四章),南北朝的祖冲之、祖暅、隋唐的刘焯、僧一行,还有赵爽、孙子、夏侯阳、张邱建、甄鸾、王孝通、李淳风等。

主要著作有"算经十书",即以下十部数学名著:

(1)《周髀算经》(约公元前1世纪)。

(2)《九章算术》(约公元1世纪)。

(3)《海岛算经》(公元3世纪,刘徽著)。

(4)《孙子算经》(公元3世纪,孙子著)。

(5)《夏侯阳算经》(公元 5 世纪,夏侯阳著)。

(6)《张邱建算经》(公元 5 世纪,张邱建著)。

(7)《缀术》(公元 5 世纪,祖冲之著)。

(8)《五曹算经》(公元 6 世纪,甄鸾著)。

(9)《五曹算术》(公元 6 世纪,甄鸾著)。

(10)《辑古算经》(公元 7 世纪,王孝通著)。

后来《缀术》失传,用公元 2 世纪徐岳著、北周甄鸾注的《数术记遗》代替。

中古期的主要成就有分数与小数的应用、开平方法、线性方程组的应用、负数的引入、盈不足术、今有术(比例问题)、孙子定理、不定方程的研究、圆周率的计算、等积原理、二次内插法等。还有数学考试制度的确定。中国科举考试制度,起源于隋朝(581—618),到唐太宗(626—649)在位时固定下来。以后断断续续,直到光绪 31 年(公元 1905)才废除,前后实行了 1 200 多年。唐朝时期的考试,比较重视数学。

中古时期,中国数学在许多方面居于世界最前列。前面没有专门介绍过的《辑古算经》,就是世界上最早提出三次方程代数解法的著作。

3.宋元时期

从公元960年至1367年。

代表人物有贾宪、沈括、秦九韶、李冶、杨辉、郭守敬、朱世杰等。

主要著作有:秦九韶的《数书九章》18卷(1249)、李冶的《测圆海镜》12卷(1248)、《益古演段》三卷(1259)、杨辉的《详解九章算法》12卷(1261)、《算法通变本末》三卷(1274)、《续古摘奇算法》两卷(1275)、朱世杰的《算学启蒙》三卷(1299)、《四元玉鉴》(1303)。

主要成就有:增乘开方法、"贾宪-杨辉三角"、正负开方术、天元术、四元术、大衍求一术、幻方、招差术、三次内插法和球面三角等。

宋元时期,是中国古代数学的全盛时期,特别是在秦九韶、李冶前后,名家辈出,著述如林,许多成果都在当时举世无双,远远超过中世纪的欧洲。在整个汉唐时期到宋元时期的1 000多年内,从中国传出的数学成就比传入的东西多得多。

本书第三、四、五、六、七章介绍中古期汉唐时期,第

八、九、十章介绍宋元时期的古代数学成就,以刘徽、祖冲之、杨辉、秦九韶、朱世杰等为其杰出代表。

4.明清时期

从公元1368—1911年。

代表人物有程大位、徐光启、梅文鼎、康熙皇帝、李善兰、华蘅芳等。

主要著作有《直指算统宗》17卷(1592)、《数理精蕴》53卷(1723,康熙"御定")等。

主要成就有:珠算的普及、"算经十书"的刻传、西方数学著作的翻译、对新旧数学的分类研究等。

以上每个时期,尤其是上古期、中古期、宋元时期等前三个时期,都有对世界数学的卓越贡献。下面详细介绍中国古代数学的两个辉煌成就。一是中国最早使用"规""矩"作图,二是举世闻名的"勾股定理"。

辉煌成就1 中国最早使用"规""矩"作图。

"规"就是圆规。"矩"由长短两尺合成,相交成直角,尺上有刻度,短尺叫勾,长尺叫股。为了固定起见,在两者之间还连上一条杆。(图13-1)。

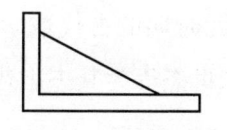

图 13-1　规的示意图

矩的使用,是中国古代数学的特长。它不但可以用来画直线,作直角,而且可以作测量之用,有时还可代替圆规,堪称万能工具。

规、矩是历史上最早使用的几何绘图工具。甲骨文中就有这两个字。《史记》卷二《夏本纪》记载禹治水时"左准绳,右规矩"。可见它们起源很早,甚至可以推到传说中的大禹治水(约前 2000 年)以前。在山东省嘉祥县汉武梁祠石室造像中,就有"伏羲氏手持矩,女娲氏手执规"的图。伏羲与女娲(wā)都是中国上古时期传说中的人物。1952 年,中国考古学家在西安附近半坡村发现一处距今约六七千年的氏族村落遗址,有圆形和正方形的房屋基地。这证明,在夏代以前的原始部落时代,中国劳动人民对方圆就有了初步认识,并使用了相应的工具。而"不以规矩,不能成方圆"(《孟子》卷四《离娄》上)这句话从春秋战国流传至今,还一直保持着生命力。

辉煌成就 2　举世闻名的"勾股定理"。

大家知道,在直角三角形中,两直角边的平方的和等于斜边的平方。如图 13-2 中,若 a,b 代表两直角边,c 代表斜边,则:$a^2+b^2=c^2$。

这是一条古老的数学定理。究竟是谁最早发现这个定理的呢?

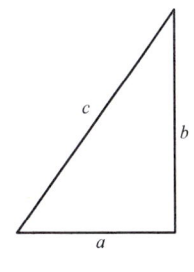

图 13-2 勾股定理

早在 4 000 多年以前,中国人民就应用了这条定理。据历史资料记载,夏禹(前 2140—前 2095 年)治水时已用到了勾股术(勾股的计算方法)。因此,我们可以说,夏禹是世界上有历史记载的第一个与勾股定理有关的人。据说,夏禹治洪水巡视到会(kuài)稽(jī)(今浙江省绍兴市)时,后来就病死在那里了。会稽山下的禹穴就是他的墓地。人们为了纪念他,就在那里建立了禹陵碑和禹庙。这些古迹至今还被保存着。

中国最早的一部数学及天文学著作《周髀算经》记载了这个定理。该书称直立着的标竿(b)为"股",地面上的日影(a)为"勾",斜边(c)为"弦"。于是这个定理可记为

$$勾^2+股^2=弦^2$$

这就是勾股定理这个名称的来历。

《周髀算经》虽然是公元前 1 世纪的著作,但该书一开始就记载了公元前 1100 年西周时周公与商高的一段对话,商高说:"……折矩以为勾广三,股修四,径隅五。"用现代的话来说,就是把一根直尺折成一个直角,如果短的一段长是 3,较长的一段长是 4,那么原来尺的两端间的距离必定是 5。这就是我们通常说的"勾三,股四,弦五"。因此,有的书也把勾股定理叫作"商高定理"。

据西方国家记叙,古希腊数学家毕达哥拉斯(Pythagores,约前 585—前 500 年)在公元前 550 年首先证明了这个定理。他十分高兴,杀了一百头牛,开了个隆重的庆祝大会。因此,国外称这个定理为"毕达哥拉斯定理"。但是,我们的祖先商高提出这个定理的时间比他早 550 多年,而夏禹则更要早 1 000 多年了。因此,称这个定理为"勾股定理"是恰当的。

公元 3 世纪,三国时代的吴国人赵爽(字君卿),在他的著作《周髀算经注》后附录了一个文献——《勾股圆方图》,对勾股定理给出了严格而巧妙的证明。现介绍如下。

用现代符号,设直角三角形勾$=a$,股$=b$,弦$=c$,用 a,b,c 作成赵爽称为的"弦图"(图 13-3)。由面积公式可知：$4 \cdot \frac{1}{2}ab+(b-a)^2=c^2$。

化简即得：$b^2+a^2=c^2$。

这就是赵爽对勾股定理的证明。

中国现行初中数学课本中，勾股定理的证明就是采用赵爽的这种证法。这种证法传入西方后，引起很大关注，一些数学家认为这是"最省力的证明方法"，与希腊几何学的思想方法有"完全不同的色彩"。

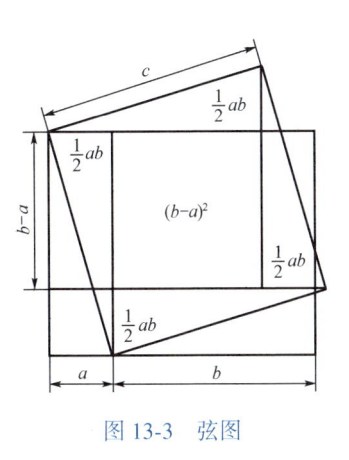

图 13-3 弦图

在国外，直到公元 12 世纪，巴斯卡拉才给出这样的证法。因此，赵爽的证法比西方早 900 多年。

中国数学家一直深刻地认识到：代数关系式与几何关系式是基本一致的。而西方对这种一致性的认识，迟至 9 世纪才由阿拉伯数学家花剌子米加以阐明。这比中国赵爽也要迟 600 多年。

1979 年，中国高考数学题中有一道题就是"叙述并证明勾股定理"。可见，这是中学生必须掌握的基本定理。

勾股定理的产生促成了无理数$\sqrt{2}$的发现,它还推动了数论的研究,产生了费马大定理。总之,勾股定理对世界数学史产生了巨大的影响,是中国古代数学的一项辉煌成果。

我们将中国古代数学中的辉煌成就简要归结如下:

(1)约在公元前2500年左右,中国已有了圆、方、平、直等形的概念,远古时对于几何图形便有了深刻的认识。

(2)十进位的位值制早在商代(公元前14世纪)就已在中国出现,比西方要早2 400年。关于零的最原始的形式,是在筹算盘上留下空位。这开始于战国时代(公元前4世纪),比西方使用零早1 500年。

(3)著名的"算经十书",其中最著名的一书《九章算术》,它被公认为世界古代数学名著之一,已译成多种文字出版。

(4)公元前1世纪,中国已高度发展了开平方和开立方的方法。11世纪贾宪求高次方根的方法,15世纪才在阿拉伯国家出现。

(5)中国秦朝(公元前3世纪)以前,即已使用十进分数,并对分数、小数采用"四舍五入"的近似取值法。而印度普遍应用分数运算,则是 15 世纪以后的事。

(6)中国西汉时代(公元前 2 世纪),便使用黑色算筹或三角形算筹表示负数,《九章算术》中给出了世界上最早的正负数计算法则。印度最早运用负数的是梵藏(公元 630 年),而欧洲则迟至公元 1545 年才始见于意大利数学家卡丹的《大法》。

(7)欧洲称比例问题为"三率法",认为这是印度人的发明。实际上,它在《九章算术》中便已出现,早于任何一部印度梵文古籍。

(8)中国东汉末年(公元 3 世纪初),赵爽在《周髀算经》的注释中,给出了勾股定理的"弦图"证法。直到公元 12 世纪,印度的拜斯迦罗才得到完全相同的证法。

(9)中国最早进行不定方程的分析研究。在《孙子算经》(公元 4 世纪)中,一次同余式组的计算被称为"求一术"。那里给出了这类问题的一个最早的例子:

"今有物不知数,三三数之余二,五五数之余三,七七数之余二,问物几何"。

这类问题所给的解法,完全符合迟至 19 世纪初德国数学家高斯所证明的"剩余定理",故有"中国剩余定理"

之称。此类问题后来先后出现在印度圣使(公元 5 世纪)和梵藏(公元 7 世纪)的作品中。直到 13 世纪初,始见于意大利数学家列奥纳多(斐波那契)的《算盘全集》一书中。而与列奥纳多同时期的中国宋朝数学家秦九韶,已将这种方法发展成为比较完整的同余式理论——"大衍求一术"了。

(10)南北朝时,祖冲之(公元 5 世纪)计算出圆周率 π 满足:

$$3.141\ 592\ 6 < \pi < 3.141\ 592\ 7$$

早于西方 1 000 余年。

(11)公元六世纪时,中国发现了著名的"祖暅原理":同高的二立体若在等高处截面积相等,则二者体积相等。这一结果直到 17 世纪才为欧洲人发现,称为"卡瓦列里原理"。

祖暅利用它得到了球体积计算公式

$$V = \frac{4}{3}\pi r^3$$

(12)唐朝时,王孝通(公元 7 世纪)在《缉古算经》中,成功地解决了大规模土方工程中提出的三次方程的计算问题,而在欧洲,列奥纳多(13世纪)是第一个提出此类问题解法的人。

(13)北宋时,贾宪(公元11世纪)列出了二项式公式的系数表(后为杨辉引用,称为"杨辉三角")。而西方的"帕斯卡(17世纪)三角",比贾宪晚了约六百年。

(14)南宋时,秦九韶(13世纪)计算高次方程的方法,较之相同的"G.霍纳"(G. Horner,1786—1837,英国)方法,也早约六百年。秦九韶还独立求得了三角形"三斜求积式",它相当于古希腊著名的"海伦公式"。

(15)近似计算中的内插法,始于隋朝的刘焯(6世纪),后来,僧一行(8世纪)、郭守敬和朱世杰(13世纪),进一步应用了高次内差法(称"招差术")。无论直线或曲线的内插法,都是中国最先使用的。

(16)对极限概念的认识。战国时的惠施(约前380—前330年)曾说:"一尺之棰,日取其半,万世不竭"。这是考察了无穷数列:

$$1, \frac{1}{2}, \frac{1}{4}, \frac{1}{8}, \cdots, \frac{1}{2^n}, \cdots$$

并认识到它是一无穷小量。

(17)级数的计算。中国古算书如《周髀算经》《九章算术》《孙子算经》等,都有计算等差和等比级数的实例。

《九章算术》中,还给出了形如

$$\sum[a+(n-1)b]c^{n-1}$$

的级数,当 $a=10^4$, $b=10^3$, $c=\frac{13}{10}$ 时计算其有限和的例子。

《孙子算经》中,还计算了高阶等差级数

$$\sum\frac{n^2(n+1)}{2}$$

前九项的和。

到了宋元时期以后,更出现了许多关于高阶等差级数的专门论述。

(18)组合分析。在中国的一部古书《大戴礼记》(公元80年)中,给出了1~9九个数字摆成的方阵,其各行、列和对角线上三数之和均为15(图13-4)。

4	9	2
3	5	7
8	1	6

图13-4 方阵(行、列对角线和为15)

它是被称为"河图洛书"之一的洛书图。参见本书第二章。

在中国古代,首先把纵横图作为数学问题加以研究的是杨辉(13世纪)。他构造了更复杂的幻方。如图13-5所示。各个路径上诸数之和均为138(直线路径若均加中心位置的9,则为147)。

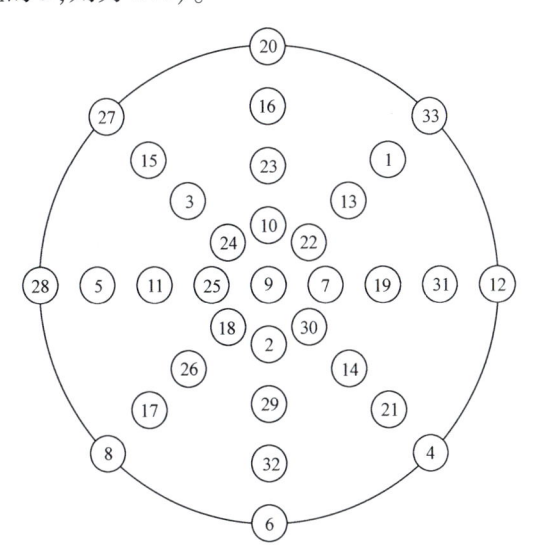

图13-5 幻方(路径诸数之和为138)

杨辉还给出了构造幻方的法则。

幻方最初似乎只是一种"思维体操",但自从计算机出现之后,它在程序设计、实验设计和图论等方面,得到了广泛的应用。

(19)珠算的故乡。

珠算是一种很有实用价值的传统数字计算方法,几百年来对于中国的计算技术和经济发展起到了十分重要的作用,直到现在仍被广泛采用。

那么,珠算是谁发明的呢?

据考证,"珠算"这个名称,早在公元190年东汉末徐岳所著《数术记遗》一书中就已经出现。

《算法统宗》是明朝最重要的数学书。它的编成和广泛流传,标志着由筹算到珠算这一转变的完成。从这时起,珠算就成了中国主要的计算工具。17世纪,《算法统宗》传到日本、朝鲜、越南、泰国等地。有人考证,法国银行有一种算盘也是直接从中国算盘演变而来的。

(20)田忌赛马的故事等,标志着孙膑(约前360—前330年),在2 000多年前,已有了运用运筹学思想解决实际问题的范例。

如果有读者从中国古代数学寻求实例,必然可以找到更多的数学思想,蕴含于古代数学的著作或实际事例中。

十四　中国古代数学趣题精选

中国古代数学体现出算法化的优秀数学思想,曾一度辉煌。回顾一下中国古算中的名题趣事,有助于了解历史文化,振奋民族精神,学习逻辑分析与推理方法,发展空间想象能力。

五猴分桃

《中国古算解趣》中诗、词、书、画、数五术俱有,以通俗易懂的形式介绍韩信点兵、苏武牧羊、李白沽酒等40余个中国古算名题。

《中国古算解趣》第37节,讲了一个"三翁垂钓"的题目。与此题相类似,有个著名的"五猴分桃"的趣题在世界上广泛流传。

著名物理学家诺贝尔奖获得者李政道教授访问中国

科技大学时,曾用此题测试科大少年班学生,当场无人能答。这个问题,据说是由大物理学家狄拉克提出的,不少人尝试着做过,包括狄拉克本人在内都没有及时找到很简便的解法。其实,有一个十分有趣的解法,中学生都不难理解。

"五猴分桃"原题是这样的:5只猴子一起摘了一大堆桃子,因为太累了,它们商量决定,先睡一觉再分。

过了不知多久,来了1只猴子,它见别的猴子没来,便将这一大堆桃子平均分成5份,结果多了1个,就将多的这个吃了,并拿走其中的一堆。

又过了不知多久,第2只猴子来了,它不知道有一个同伴已经来过,还以为自己是第1个到的呢,于是将地上的桃子堆起来,平均分成5份,发现也多了1个,同样它将这多的1个吃了,拿走其中的1堆。

第3只、第4只、第5只猴子都与上述一样……

问:这5只猴子至少摘了多少个桃子?第5个猴子走后还剩多少个桃子?

分析与解答 题目难在每次都多了1个,实际上可以理解为少4个,先借给它们4个再分。

有趣的是，桃子尽管多了 4 个，每个猴子得到的桃子并不会增多，当然也不会减少。这样，每次都刚好均分成 5 堆，就容易算了。

设这一大堆桃子至少有 x 个，借给它们 4 个，成为 $(x+4)$ 个。

5 个猴子分别拿了 a,b,c,d,e 个桃子(其中包括吃掉的 1 个)，则可得

$$a = (x+4) \cdot \frac{1}{5}$$

$$b = 4(x+4) \cdot \frac{1}{25}$$

$$c = 16(x+4) \cdot \frac{1}{125}$$

$$d = 64(x+4) \cdot \frac{1}{625}$$

$$e = 256(x+4) \cdot \frac{1}{3\,125}$$

e 应该为整数，而 256 不能被 5 整除，所以 $(x+4)$ 应为 3 125 的倍数，所以

$(x+4) = 3\ 125k$ （k 取自然数）

当 $k=1$ 时，$x=3\ 121$。

答案：这 5 个猴子至少摘了 3 121 个桃子。容易算出，最后剩下至少 1 024−4 = 1 020 个桃子。

这种解法，其实就是动力系统研究中常用的相似变换法，也是数学方法论研究中特别看重的"映射-反演"法。

李三公开店

古代《直指算法统宗》里有这样一首诗：

"我问开店李三公，众客都来到店中，

一房七客多七客，一房九客一房空。"

请问：

(1) 该店有客房多少间？房客多少人？

(2) 假设店主李三公将客房进行扩建后，房间数大大增加，每间客房收费 20 钱，且每间客房最多入住 4 人，一次性定客房 18 间以上（含 18 间），房费按 8 折优惠。若诗中"众客"再次入住,他们如何订房更合算?

分析与解答 设客房为 x 间,房客为 y 人,由诗曰:

(1) $\begin{cases} y = 7x+7 \\ y = 9(x-1) \end{cases}$ 所以 $\begin{cases} x = 8(间) \\ y = 63(人) \end{cases}$

(2) 为了计算"如何订房最合算",共有以下三种住法:

① 订 4 人一间,16 间 × 20 = 320(钱)

② 订 3 人一间,21 间 × 20 × 80% = 336(钱)

③ 订 18 间房间,18 间 × 20 × 80% = 288(钱)

然后,再考虑 18 间房各住多少人:

$$\begin{cases} m+n = 18(间) \\ 4m+3n = 63(人) \end{cases}$$

所以 $\begin{cases} m = 9 \\ n = 9 \end{cases}$

答案是一共订 18 间房,其中 9 间各住 4 人,9 间各住 3 人,恰好 63 人全部入住,共花费 288(钱)最少。

从李三公开店此题可见,中国古代《直指算法统宗》时代不仅能解二元一次方程组,而且还探索如何分配最佳方案,蕴含着统筹规划的思想方法。

魔术常数

古代智力游戏种类繁多,最古老、最简单游戏之一就是幻方了。

本书第二章关于幻方介绍了奇数幻方、偶数幻方的一类构造方法。美国、加拿大某些作家称它为"魔术方块"。他们惊讶地称:"中国人至少在三千年前就已经掌握了一些最基础的魔术方块。"三阶幻方中每列、每行和两条对角线上数字之和都等于15。(图15-1)此15就是这个方块的"魔术常数"。

学数学的最好办法是"做数学",每一本书都包含问题,其中有些可能需要大量的思考。青少年读者尤其要养成读数学书时手边备有纸和笔的习惯,这样边阅读边试做,也许即使颇简单的数学游戏也会有很多趣味。

8	3	4
1	5	9
6	7	2

图15-1 魔方

下面我们画出一个包含9个不连续数字的魔术方块图,其中只填入了两个单独的数学:7和13。这个魔术方块的常数为111。请把方块中其余的七个数字填写出来。

(图 15-2)

注意图 15-2 中空白的格要填的不是连续的九个数了。那么如何思考呢? 从图 15-1 中,我们知道魔术常数是 15 时,中心数是 5 时。而图 15-2 魔术常数是 111 时,中心数是否是(111÷3)= 37 呢?

图 15-2 填写魔方数字

一旦试填上中心数 37,相应的数恰恰就"迎刃而解"了:111-37-13 = 61,为第二排;111-37-7 = 67 为对角线上;……

有趣的是图 15-3 中九个数除 1 外全是素数!

31	73	7
13	37	61
67	1	43

图 15-3 全是素数的魔方

酒坛堆垛

酒店门口堆着一堆酒坛。最上层 1 只,第二层 4 只,第三层 9 只,……,一共有十层。

问：这堆酒坛一共几只？

实际上，这个问题就是要求

$$1+4+9+\cdots+100=1^2+2^2+3^2+\cdots+10^2=?$$

因为

$$11^3=(10+1)^3=10^3+3\times10^2+3\times10+1$$

所以

$$11^3-10^3=3\times10^2+3\times10+1$$

同理，

$$10^3-9^3=3\times9^2+3\times9+1$$

$$9^3-8^3=3\times8^2+3\times8+1$$

$$\vdots$$

$$2^3-1^3=3\times1^2+3\times1+1$$

将上面这些式子两边分别相加，得

$$11^3-1^3=3\times(1^2+2^2+3^2+\cdots+10^2)+$$
$$3\times(1+2+3+\cdots+10)+10$$

而

$$1+2+3+\cdots+10=\frac{1}{2}(10+1)\times 10=55$$

于是

$$1^2+2^2+3^2+\cdots+10^2=\frac{1}{3}(11^3-1^3-3\times 55-10)=385$$

即这堆酒坛共有 385 只。

中国宋朝数学家沈括(1030—1094),曾研究过多种形状的酒坛堆,最普通的一种是每层酒坛摆成一个长方形,每上一层比下一层的长、宽各少一个。如果最下一层的长为 c 只,宽为 d 只,而最上一层的长、宽各为 a 只和 b 只,共有 n 层,问总共有几只?

沈括经过反复研究,得出这种长方垛的总数为

$$\frac{n}{6}[(2b+d)a+(b+2d)c+(c-a)]$$

前面提到的方垛,是长方垛的特例。即

$$n=10, a=b=1, c=d, c=10=d$$

$$总数=\frac{10}{6}[(2+10)+(1+2\times 10)\times 10+(10-1)]$$

$$= \frac{5}{3}[12+210+9]$$

$$= 385(只)$$

这种计算堆垛叠积物体总数的方法称为"垛积术",由于堆积物体(如酒坛)之间有缝隙,又称"隙积术"。这个问题与现代数学中高阶等差级数有密切关系,沈括的研究可以说是中国研究高阶等差级数的开始,对后世影响很大。

和尚吃馒头

中国明朝数学家程大位的名著《直指算法统宗》里有一道著名算题:

"一百馒头一百僧,

大僧三个更无争,

小僧三人分一个,

大小和尚各几丁?"

如果译成白话文,其意思是:"有100个和尚分100个馒头,正好分完。大和尚1人分3个,小和尚3人分1个,试问:大、小和尚各有几人?"

本题解法颇多,最常用的办法当然是列出一个方程来求解。但这种方法缺乏创意。

我们介绍《直指算法统宗》里的别开生面的"编组法"。

"置僧一百为实,以三一并得四为法除之,得大僧二十五个。"所谓"实"便是"被除数","法"便是"除数"。其办法是:

$$100 \div (3+1) = 25$$

$$100 - 25 = 75$$

这是一种"编组法",由于大和尚1人分3个馒头,小和尚3人分1个馒头。合并计算,即4个和尚吃4个馒头。这样,100个和尚正好编成25组,每一组中恰好1个大和尚,所以人们立即可以算出大和尚有25人,从而可知小和尚有75人。

丁丁东东的等式

清末学者俞曲园先生曾为杭州有名的风景点九溪十八涧,写过一首脍炙人口的诗歌:

重重叠叠山,

曲曲环环路;

丁丁东东泉,

高高下下树。

这首诗经书法家恭楷书写,曾经挂在西泠印社吴昌硕先生的纪念堂里。可是,有趣的是,在我们吟诵这诗后,如果把它改写成下面的加法竖式,它竟然有四个整数解。诗句居然有算式与之对应,这恐怕是当年俞曲园先生自己也想不到的吧?

```
    重         曲         丁         高
 + 重叠      + 曲环      + 丁东      + 高下
 ─────     ─────     ─────     ─────
   叠山       环路       东泉       下树
```

可以看出,这四个加法等式,都可以用一个统一算式

来表示,即

$$\begin{array}{r} A \\ +AB \\ \hline BC \end{array}$$

这个算式恰好有四个解答,它们是:

$$\begin{array}{r} 5 \\ +56 \\ \hline 61 \end{array} \qquad \begin{array}{r} 6 \\ +67 \\ \hline 73 \end{array} \qquad \begin{array}{r} 7 \\ +78 \\ \hline 85 \end{array} \qquad \begin{array}{r} 8 \\ +89 \\ \hline 97 \end{array}$$

有句名言说:"数学是大千世界的永恒语言。"它像泉水一样,也是叮咚作响的。

荡秋千

明朝数学家程大位(1533—1606)的著作《直指算法统宗》里有一道歌谣体形式的题目:

"平地秋千未起,踏板一尺离地,

送行二步与人齐,五尺人高曾记。

仕女佳人争蹴,终朝笑语欢嬉。

良工高士素好奇,算出索长有几?"

歌谣把它译成白话文,大意是:当秋千静止时,踏板离地一尺。将它往前推两步,秋千的踏板就和人一样高,此人身高五尺。如果这时秋千的绳索拉得很直,问:它有多长?

通过一个简单的图形,就可列方程解出它。设图15-4中 OA 是秋千的绳索,CD 为地平线,BC 为身高五尺的人,AE 相当于两步,即 10 尺。A 处有块踏板,AD 为踏板离地的距离。设 $OA=x$,则 $OB=OA=x$,$FA=BE=5-1=4$,$BF=EA=10$。

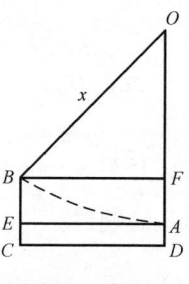

图 15-4　荡秋千

在 Rt△OFB 中,利用勾股定理可得

$$x^2=(x-4)^2+10^2$$

即可解得

$$x = 14.5(尺)$$

《直指算法统宗》当时风行海内外,研究算学的人无不家藏一册。时至今日,这部书仍是重要的研究对象。

百羊问题

甲赶着一群羊在草原上行走,乙牵着一只大肥羊紧跟着甲的后面。

乙问甲:"老兄,你这群羊有没有100只?"甲答道:"没有没有,喔,这群羊加上一倍,再凑上它的一半,还要加它的$\frac{1}{4}$,连同老弟的那只大肥羊,才刚刚满100只。"

请问:甲原来赶着的羊群有多少只羊呢?

设甲原有 x 只羊,则

$$x+x+\frac{1}{2}x+\frac{1}{4}x+1=100$$

解得

$$x = 36(只)$$

这个问题出于明朝数学家程大位的《直指算法统宗》第十二卷。在国际上流传较广,如俄罗斯马格尼茨基的《算术》(1703),苏联拉里契夫《初中代数习题汇编》里都有提及。

鸡兔同笼

中国古代的《孙子算经》卷下第 31 题:今天雉兔同笼,上有三十五头,下有九十四足,问雉兔各几何?

列方程

$$\begin{cases} x+y=35 \\ 2x+4y=94 \end{cases}$$

解得

$$x=23, y=12$$

这样做太简单了,但不够有创意。让鸡"独立一只脚,兔子也将前一双脚竖起来! 这样,头 35 个,脚 47 只了。为什么脚比头多(47−35)= 12 只? 因为此时兔子比鸡多 1 只脚。那么,兔子有 12 只,鸡还有(35−12)= 23 只啦!"

桃三李四橄榄七

桃子一个要三文钱,李子一个要四文钱,而橄榄一文钱可以买七个。若要拿一百文钱去买这三种果子,每种都得买,又恰好一百个。

问:每种应各买多少个?

这是流传于福建民间的古代算题。

设应各买桃子、李子、橄榄为 x, y, z 个,则列出方程组

$$\begin{cases} x+y+z=100 & ① \\ 3x+4y+\dfrac{1}{7}z=100 & ② \end{cases}$$

由①,得 $z=100-x-y$。

代入②,$x=30-y-\dfrac{7y}{20}$。

因 x 是正整数,故 y 必为 20 的倍数,令 $y=20t$,$x=30-27t$,$z=70+7t$。

因 x, y, z 均为正整数,所以 $0<t\leq 1$,即 $t=1$。从而得

$$(x,y,z)=(3,20,77)$$

也就是说,应买桃子 3 个,李子 20 个,橄榄 77 个。

上述方程组有 3 个未知数,却只有两个方程,称为不定方程组。

不定方程组一般有无限多组解。但根据具体题设的整数解、正整数解,往往是有限的。而此题只有唯一一组正整数解。

不定方程是数论中的重要内容之一,它有系统的理论与解法。

中国古代数学对此有许多成就,民间流传的趣题很多是属于不定方程这一类内容的。

读者在解这类不定方程时,可以体味中国数学在数百年、上千年前即能巧妙地解此类不定方程,从而明了古代学者与劳动者的智慧与才能。

百鸡问题

源于 5 世纪的《张邱建算经》,有一道著名的趣味的古算题。

"用一百文钱买一百只鸡,已知鸡的单价,试问:公鸡、母鸡、小鸡各买了多少只?"

原题是:"今有鸡翁一,值钱五;鸡母一,值钱三;鸡雏三,值钱一。凡百钱买鸡百只。问:鸡翁、母、雏各几何?"

原书没有说出解题的具体方法,而只是说:"鸡翁每增四,鸡母每减七,鸡雏每益三,即得。"听起来真有点费解。其实,这里指三组答案之间的关系。

设 x, y, z 分别为购买公鸡、母鸡、小鸡的只数,则

$$\begin{cases} x+y+z=100 \\ 5x+3y+\dfrac{1}{3}z=100 \end{cases}$$

令

$$5x+3y=100-\frac{1}{3}(100-x-y)$$

$$14x+8y=200$$

$$\begin{cases} 7x+4y=100 \\ z=100-x-y \end{cases}$$

不难解得

$$\begin{pmatrix} x \\ y \\ z \end{pmatrix} = \begin{pmatrix} 4 \\ 18 \\ 78 \end{pmatrix} \text{或} \begin{pmatrix} 8 \\ 11 \\ 81 \end{pmatrix} \text{或} \begin{pmatrix} 12 \\ 4 \\ 84 \end{pmatrix}$$

可见,张邱建说的没错,"公鸡每增4只,母鸡就得减少7只,小鸡则要相应地加3只。"

百牛吃百草

一个牛栏里关着公牛、母牛与小牛。每头公牛一天吃三把草,母牛吃一把半,小牛只吃半把草。牛栏里共有牛100头,每天恰好吃100把草。

问:有公牛、母牛、小牛各几头?

设公牛 x 头,母牛 y 头,小牛 z 头,则

$$\begin{cases} x+y+z=100 & \text{①} \\ 3x+\dfrac{3}{2}y+\dfrac{1}{2}z=100 & \text{②} \end{cases}$$

由①,有

$$z=100-x-y$$

代入②,得

$$y = 50 - 2x - \frac{x}{2}$$

因 y 是正整数,故 x 必为 2 的倍数,

$$\begin{cases} x = 2t \\ y = 50 - 5t \\ z = 50 + 3t \end{cases}$$

因为 x, y, z 都是正整数,所以 $0 < t < 10$。

于是当 $t = 1, t = 2, t = 3, t = 4, t = 5$,有

$$\begin{pmatrix} x \\ y \\ z \end{pmatrix} = \begin{pmatrix} 2 \\ 45 \\ 53 \end{pmatrix}, \begin{pmatrix} 4 \\ 40 \\ 56 \end{pmatrix}, \begin{pmatrix} 6 \\ 35 \\ 59 \end{pmatrix}, \begin{pmatrix} 8 \\ 30 \\ 62 \end{pmatrix}, \begin{pmatrix} 10 \\ 25 \\ 65 \end{pmatrix}$$

当 $t = 6, t = 7, t = 8, t = 9$,有

$$\begin{pmatrix} x \\ y \\ z \end{pmatrix} = \begin{pmatrix} 12 \\ 20 \\ 68 \end{pmatrix}, \begin{pmatrix} 14 \\ 15 \\ 71 \end{pmatrix}, \begin{pmatrix} 16 \\ 10 \\ 74 \end{pmatrix}, \begin{pmatrix} 18 \\ 5 \\ 77 \end{pmatrix}$$

十五　中国古代智力游戏拾遗

古代数学趣味小故事、小游戏真是颇多,这里先选几个,供青少年欣赏、品味。

小动物繁衍

很久很久以前,洪水泛滥成灾。古人把动物一对一对地送上平底船,运往安全地带。这时,船上的兔子、鸡、老鼠的数目都成倍地增加了。因为它们在路上还生了不少后代。平均说来,最初送上船的每对小动物繁衍为23只。不过,其中牛、马等几种大型动物没有繁衍,它们下船时还是一对一对的。

已知船上原来共有300对小动物可以进行繁殖,它们下船时刚好增加到原有数目的15倍。

假设途中动物毫无伤亡,那么,请算一算:原有送往安全地带的动物总共有多少只?

分析与解答 设进入船内但没有繁殖后代的动物为 $2x$(只),而进入船内的 600 只小动物是繁殖的,它们下船时增加到 $600×15=9\,000$(只)。

进入船内的动物,总计为 $(x+300)$ 对,下船时的动物,总计为 $23·(x+300)$。于是,

$$2x+9\,000=23(x+300)$$

得 $x=100$。

所以,共有 400 对,即 800 只动物送上了船。

叮当声响

当小亿宁走进屋里来的时候,他裤子口袋里叮叮当当地响着。他姐姐见此情景笑了起来,说:"真是未见其人先闻其声呀!口袋里装的什么东西?你总是喜欢弄得叮叮当当响的。"

"那当然了,"小亿宁笑着回应道。"我裤兜里装满了卖旧纸箱、废品的角币,总数差不多有 20 元,可全是 1 角、2 角 5 分的硬币。"

"放在裤兜里可不怎么安全,"姐姐说。"我想你知道总共有多少吧。"

"两个口袋里的钱数一样多,"小亿宁抿嘴一笑说:"左边口袋里两种硬币的枚数相同,而右边口袋里两种硬币的钱数相等。"

聪明的读者,你能算出,小亿宁两个口袋里的总钱数是多少吗?

分析与解答　就他左边的口袋来说,1 枚 1 角和 1 枚 2 角 5 分,总计为 35 分。

就右边的口袋来说,5 枚 1 角硬币等于 2 枚 2 角 5 分硬币。

设小亿宁每个口袋里都有 $2x$ 分,则左边的口袋里有 $\dfrac{2x}{35}$ 枚 1 角的硬币和 $\dfrac{2x}{35}$ 枚 2 角 5 分的硬币;

右边的口袋里有 $\dfrac{x}{10}$ 枚 1 角的硬币和 $\dfrac{x}{25}$ 枚 2 角 5 分的硬币。

于是,1 角硬币与 2 角 5 分的硬币枚数比应为

$$\frac{\left(\frac{2}{35}+\frac{1}{10}\right)}{\left(\frac{2}{35}+\frac{1}{25}\right)}=\frac{55}{34}$$

设他口袋里硬币的总数为 $55k$ 枚 1 角的硬币和 $34k$ 枚 2 角 5 分的硬币(k 为整数),则总的钱数应该为

$$55k \times 10 + 34k \times 25 = 1\,400k(分)$$

但小亿宁所有的钱不超过 20 元("差不多 20 元"),所以 $k=1$,即钱的总数为 14 元。

烛光

晚饭后,小柏寅悠闲地坐在床上休息,他哥哥在烛光下还看故事书呐。

"我们没有吹灭过哪一支蜡烛呀,"小柏寅突然说:"可是看呀,其中一支蜡烛却刚好是另一支蜡烛的两倍长了。"

小哥哥爱看书又爱动脑筋,对弟弟说:"真的,我们吃饭时你才点上的两支都是新的,一样长短,都是从油坊桥镇上你买来的那一堆蜡烛中拿来的。"

"这正是问题的所在呀,"小柏寅笑着说,"我买的那两种蜡烛不一样,一种可以点燃 6 小时,另一种只能点燃 4 小时。"

"哦,我明白了!"爱动脑筋的哥哥柏伦笑着说,"马上我算出来!"

你知道这两支蜡烛已经点燃了多少时间吗?

分析与解答 蜡烛 A 每小时燃去全长的 $\frac{1}{6}$。蜡烛 B 每小时燃去全长的 $\frac{1}{4}$。所以,在 x 小时后,A 燃去其长度 $\frac{x}{6}$,留下 $\frac{6-x}{6}$;B 燃去其长度 $\frac{x}{4}$,留下 $\frac{4-x}{4}$。而 x 小时后,

$$\frac{6-x}{6} = 2 \cdot \frac{(4-x)}{4}; 解得 x = 3$$

即两支蜡烛都点燃了 3 小时。

"老顽童"买鱼饵

古代有不少文人喜爱钓鱼,还要买各种各样的鱼饵。四种鱼饵价格可真悬殊,有 1 元 3 角 9 分的,1 元零 4 分的,8 角 3 分和 5 角 9 分的。

有位自称"老顽童"的老人,他告诉朋友说:"12 个鱼饵上述四种我都买了一些,刚好花了 12 元。"

你能算出每种价格的鱼饵,他各买了多少吗?

分析与解答 设单价 59 分的买了 x 个,单价 104 分的 y 个,单价 83 分的 z 个,单价 139 分的有 $(12-x-y-z)$ 个。则

$$59x+104y+83z+139(12-x-y-z)=1\ 200$$

即

$$80x+35y+56z=468$$

其中 x,y,z 均为整数。这是不定方程。

用 7 除此式,由不定方程的基础知识,我们得到

$$x=7k+2。(k \text{ 为整数})$$

所以，$x=9$ 或者 2。

若 $x=9$，则 $35y+56z=-252$，y,z 均为负数，与题设不符。

所以

$$x=2$$

$$35y+56z=308$$

$$5y+8z=44; y=4, z=3$$

答案：

"老顽童"买了 2 个 5 角 9 分的鱼饵；

4 个 1 元零 4 分的鱼饵；

3 个 8 角 3 分的鱼饵；

3 个 1 元 3 角 9 分的鱼饵。

数的自述

我是一个三位数。如果把我的 3 变为 4，我的 1 变为 3，那么，我"原来的值"，就会比"新值"的一半少 9。

你知道我等于多少吗？

分析与解答　这是一个很微妙的问题。不过解决方法并不困难。

从文中得知"我的新值的一半"必须是整数，所以"新的我"必须是偶数，它不能以 1 结尾。

我们把三位数字的四种可能性排列方式列成表格，其中一位未知数用 A 表示。

原来的值　　…1A3　13A　31A　A13

新值　　　　…3A4　34A　43A　A34

文中说，原来值比新值的一半少 9，因而以上列出的后三对排列方式显然不能采用。所以原来的值只能是 1A3，其实际值为（10A + 103）。于是，从已知数据可以得出

$$10A+103=\frac{10A+304}{2}-9$$

即 $10A = 80$，$A = 8$，

结果，三位数为 183。

排队

小亿宁父子在长安法门寺外边排了半天队,小亿宁开始不耐烦了。

"有件事儿,你可以干干,免得太无聊。"父亲对童年的小亿宁十分体谅地说。"假定队伍中第一个人的编号是 1,第二个人的编号是 2,依次类推。你算一算,我们前边所有人的编号总计是多少。"

小亿宁拿着铅笔和纸在队伍中前前后后地忙活了很长时间,然后回来向爸爸报告了。

"我们前面小孩的人数是大人人数的 $\frac{1}{3}$,"小亿宁郑重其事地宣布。"不过,有趣的是,大人编号的总和等于小孩编号总和的 3 倍。"

"那么,所有编号的总和是多少呢?"小亿宁的父亲问。

"在 800 到 1 000 之间,"孩子回答。

请根据这些情况把他们前面所有人的编号总和求出

来,再算出小孩与大人各有多少名。

分析与解答 设有 x 名小孩和 $3x$ 名大人,总计为 $4x$。从 1 到 $4x$ 的全部整数和,可由下式表示:

$$S_x = \frac{(1+4x)}{2} \cdot 4x = 2x \cdot (4x+1)$$

大人数为孩子数的 3 倍,所以全部编号的总和应该是 4 的倍数。根据 $2x \cdot (4x+1)$,我们知道 x 必须是偶数。

因为

$$2x(4x+1) > 799, x > 8$$

$$2x(4x+1) < 1\,001, x < 12$$

所以

$$x = 10$$

则总和为

$$S_x = 2 \times 10 \times 41 = 820(人)$$

由此答案是小亿宁父子前面应有 10 个孩子、30 个大人。

但是,这是十分荒唐的结论。编号 820,其中 $\frac{1}{4}$ 是 205 个孩子，$\frac{3}{4}$ 是 615 个大人。

聪明的读者，请再想一想，问题出在什么地方了呢？

女士的年龄

"你问我的年龄？"古代一位女士微笑着说。"你得猜一猜。让我想想，啊，对了。你把我年龄的两位数颠倒过来，除以 3，再加上 34，这样就可以知道我的岁数了。"

这位女士是多大年龄呢？

分析与解答　设她年龄的两位数字分别为 x 和 y，则其数值等于 $(10x+y)$。

把这两位数字的次序倒过来变为 y 和 x，则其数值为 $(10y+x)$。所以

$$\frac{10y+x}{3}+34=10x+y$$

由此

$$29x-7y=102$$

式中 x, y 均为整数，因为 7 是式中较小的系数，故用 7 去除整个式子：

$$\frac{29}{7}x = y + \frac{102}{7}$$

这是简单不定方程。

此式的通解为

$$x = 7k - 3$$

但 x 为一位数，所以

$$k = 1, \begin{cases} x = 4 \\ y = 2 \end{cases}$$

女士的年龄为 42 岁。

"曹冲称象"

古代数学中有"曹冲称象""老鼠咬糖糕""棋赛出线""生日巧合""约会问题"等故事与趣题。笔者几经思考，还是以现代数学的观念与方法给予叙述介绍，以便读者既了解古代人的智慧，又能看到现代数学方法的运用。

"曹冲称象"这个故事可以说是家喻户晓了。当时曹冲称象,利用船的沉浮作为"媒介",象的问题转换成"称石头"的问题了。

直接称象在当时很困难,因此,曹冲用船作为"媒介",成为"巧妙"称象的智慧方法而令人赞叹。设目标称象为 A,转换(通过船的媒介)为 L,再把一块块石头称出来即为 L^{-1}。三个步骤的结果是 $B=L^{-1} \cdot A \cdot L$。

数学上称 $L^{-1}AL$ 为 A 过程的共轭控制方法。这是"控制论"中的一个重要方法。

共轭控制方法虽然并不涉及某一具体的工具的发明,但是却包含了一切工具的控制原理。它专门研究如何将一件无法直接完成的工作变换成(可以)用另一种状态可以完成的工作。

例如,一个比工厂大门还要高的大机器怎样运进厂房去呢?容易想到:先把此大机器"平卧"下来(L)下来,让大机器进了厂房门,再把"大机器"重新"站立"(L^{-1})起来。这也是 $L^{-1}AL$ 的变换过程。

又如,我们在使用电视机、收录机时,需要学会控制电视机的开关、转换电视频道。如图 16-1 所示,当控制对象(如电视机 TV 频道屏幕)不够清晰时,就会调节控制器,扭转调频器(A),让它图像更清晰为止。这不也是共轭控制 $L^{-1}AL$ 的一例吗?

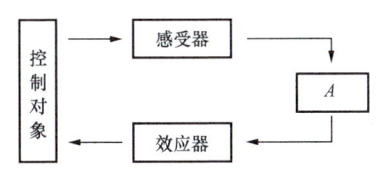

图 16-1　共轭控制

懂得了控制论中的这一基本原理,你就比古代曹冲还高明了。

老鼠吃糖糕

如图 16-2 所示,3×3×3 共有 27 块糖糕立方体的示意图。这 27 块糖糕是由纸盒包装后堆成立方体的。

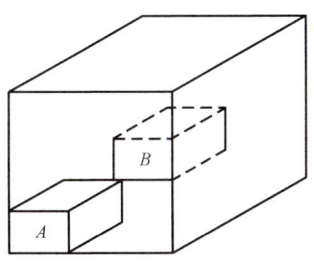

图 16-2　老鼠吃糖糕

如果有一只老鼠，它只能咬破纸盒，一块邻近一块地吃过去，而且不妨从某一顶角（图16-2）中 A 开始吃，那么，显然，老鼠是能够吃光这27块糖糕的。

这里的问题是："老鼠吃糖糕"，对27块立方体正中心的那一块糖糕（B），也就是图16-2所示意的上下、左右、前后六面都看不到的，恰恰被26块糖糕"团团地"裹在中心的那一块糖糕（B），要让老鼠"最后吃它"。

那么，老鼠能否做到"最后吃糖糕（B）呢？"

这个游戏看上去是简单明了的。例如，平面上是3×3块共9块，则显然是肯定能做到"最后吃中心那一块的。"（图16-3）

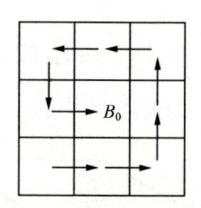

图 16-3　老鼠吃糖糕平面路线

那么，立方体上的中心（B）能否做到被最后"吃"掉呢？这个游戏，如果仅仅纯粹地"实践"，是很难说明问题的。

因为事实上答案是否定的。

因此,即使试验一百次、一千次的不成功,也不能说明"不可能性"。我们必须用数学方法来揭示其中的规律性,得出正确的结论。

我们用奇偶性恰恰可以巧妙地解决这个问题。

因为"老鼠吃糖糕"的规则只能一块邻近一块地吃,不妨把底角的开始的"糖糕"看作"白色",那么底下一层的"中心"那块"糖糕"必然亦是"白色"。而把相邻白色的糖糕看作"黑色"。如图16-4所示,(a)(b)(c)分别表示上、中、下三层。

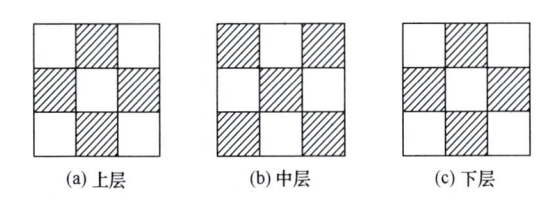

(a) 上层　　(b) 中层　　(c) 下层

图 16-4　奇偶性法

老鼠从底角任何一块开始,总是从"白色"开始,白色、黑色交错地"吃"下去,第1,3,5,…,27块应该是"白色"的那一块。但是,如图16-4(b)中所示,立方体正中心那一块是"黑色"的。因此,最后吃的即第27块糖糕绝不可能是中心那块"黑色"的糖糕。这就大大省略了一次一次地试验而几乎无法保证所有的"吃法"都试验过了的

"证明过程"。

读者朋友,如果糖糕是由 4×4×4 共 64 块组成,则"中心"就不是一块糖糕了。如果糖糕是由 5×5×5 共 125 块组成的立方体,中心也是一块糖糕(B),按完全类似的上述要求,老鼠能做到"最后吃到中心那块糖糕(B)"吗?经过如上的推理过程,可以知道具有 5×5×5 的"中心"与底角的那块糖糕同奇偶性,所以老鼠能最后吃到那块"中心"的糖糕的。

棋赛出线

古代有一家,十岁的儿子想报名参加象棋比赛。他父亲下象棋也很不错,对儿子说:"这样吧,今天明天后天三天,你每天下一盘棋。我和你妈妈轮流当你的对手。如果你能三天内至少连胜两盘,那就算'棋赛出线',报名参赛。"

儿子问:"我先跟谁下棋呢?先跟你,还是先跟妈妈下棋?"

爸爸笑着说:"这由你决定,但我们总是轮流来和你下棋。"

儿子知道父亲的棋艺比妈妈的棋艺更好,为了使自己连胜两盘的机会大一些,应该选"父母父",还是"母父母"的顺序呢？

怎么分析与解答这个趣题,这里介绍两种方法。一是比较"父母父"与"母父母"两种顺序条件下,儿子"出线"(成功)的概率哪种大些；二是运用逻辑推理方法。

设儿子战胜父亲的概率是 P_1，战胜母亲的概率是 P_2。由题设 $P_2 > P_1$。那么,儿子败给父亲的概率为 $(1-P_1)$，败给母亲的概率为 $(1-P_2)$。

现在先设儿子选的是"父母父"的顺序,他有三种方式连胜两盘：

(1) 连胜三盘。这时概率是

$$P_1 \cdot P_2 \cdot P_1 = P_1^2 \cdot P_2$$

(2) 儿子胜前两盘。则有

$$P_1 \cdot P_2 \cdot (1-P_1) = P_1 P_2 - P_1^2 P_2$$

(3) 儿子胜后两盘。则有

$$(1-P_1) \cdot P_2 \cdot P_1 = P_1 P_2 - P_1^2 P_2$$

三种可能性加在一起，即

$$P_1^2 P_2 + (P_1 P_2 - P_1^2 P_2) + (P_1 P_2 - P_1^2 P_2) = P_1 P_2 (2 - P_1)$$

再设儿子选的是"母父母"的顺序，完全类似上述(1)(2)(3)，三种可能性加在一起，即

$$P_2^2 P_1 + (P_1 P_2 - P_2^2 P_1) + (P_1 P_2 - P_1 P_2^2) = P_1 P_2 (2 - P_2)。$$

因为 $P_2 > P_1$，所以 $(2-P_1)$ 反大于 $(2-P_2)$，因此，儿子选"父母父"的顺序，成功的概率要大些。

如果运用逻辑推理方法，儿子要胜两盘，他必须胜中间一盘，否则不可能连胜两盘。而必须胜中间的一盘，当然"父母父"顺序较为有利。因为胜母亲比胜父亲可能性大些呀！还可以通过对极端情况的分析得到结论。设想，儿子对母亲是百战百胜的，那么，儿子必须对父亲的比赛中胜一盘才能出线。那么，采取"父母父"的顺序，有两次与父亲下棋的机会，当然比"母父母"顺序更好些啦。

生日巧合

常州工学院某数学朋友邀请我开办短期讲座，我盛情之下只好给数学爱好者约50至60人讲了"生日巧合

游戏"。

"例如在座的五六十位大学生,你们至少有 2 人同一月同一日过生日,"我大胆地断言,还问他们信不信。他们想了想,回答:不信。

可以当场验证:请每位同学用纸条写下生日日期,邀请热心的"志愿者"当场一一验看纸条上的"×月×日",看有没有相同的。

几分钟后,结果出来了,50 多张生日日期竟然有 3 对相同的,全场一片惊讶不已!

这是怎么一回事呢?原来,我们思考问题时,往往从个别想起,一年有 365 天,怎么会那么巧?其实,从 50 多人整体考虑一下,把问题从反面思考:倘若 50 人果真没有 2 个人同月同日出生,那么,这件事发生的概率应该是:

$$P(\overline{A}) = \frac{365}{365} \times \frac{364}{365} \times \frac{363}{365} \times \frac{362}{365} \times \cdots \times \frac{315}{365} < 0.03$$

也就是说,这种可能性非常非常小(<3%)!

严格地说,发生这种小概率状况不是绝对不可能,但确确实实 97% 会发生有相同生日的状况。

约会问题

再介绍一个几何概率问题。

甲、乙两位好友约定 11 点到 12 点在某餐馆楼上见面,并讲好先到者等候对方 15 分钟,过时即可离去。

求这两位能会面的概率。

解法相当简明,在平面上建立直角坐标系,长度单位为分钟。设 x 和 y 分别表示甲、乙两人到达约会地点的时间,而两人能够会面的充要条件是

$$|x-y| \leqslant 15$$

(x,y) 的所有可能结果是边长为 60 的正方形,而可能会面的时间则由图 16-5 中的阴影部分所表示。

这样,所求的概率等于阴影部分的面积与正方形面积之比,也就是

$$P = \frac{60^2 - 45^2}{60^2} = \frac{7}{16}$$

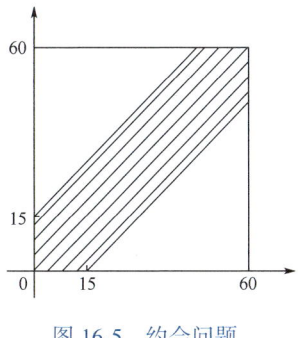

图 16-5　约会问题

数学谜面与成语谜底

古代人颇喜爱猜谜,每逢节日举办猜灯谜游戏等营造欢庆气氛。

好,读者朋友,在数学趣题介绍接近尾声时,我们用数学爱好者提供的别开生面的"数学谜面与中文成语谜底"作为本节的结尾吧,见表 15-1。

表 15-1　数学谜面与中文成语谜底

序号	数学谜面	中文成语谜底
(1)	0 0 0 0	四大皆空
(2)	0+0=0	一无所获
(3)	0+0=1	无中生有
(4)	1×1=1	一成不变

续表

序号	数学谜面	中文成语谜底
(5)	$1^n = 1$	始终如一
(6)	1∶1	不相上下
(7)	$\frac{1}{2}$	一分为二
(8)	1+2+3	接二连三
(9)	3.4	不三不四
(10)	33.22	三三两两
(11)	$\frac{2}{2}$	合二为一
(12)	20÷3	陆续不断
(13)	1=365	度日如年
(14)	9寸加1寸	得寸进尺
(15)	1∶100	百里挑一
(16)	333 555	三五成群
(17)	5,10	一五一十
(18)	1,2,3,4,5	屈指可数
(19)	1,2,3,4,5,6,0,9	七零八落
(20)	1,2,4,6,7,8,9,10	隔三差五
(21)	2,3,4,5,6,7,8,9	缺衣少食
(22)	$\frac{7}{8}$	七上八下
(23)	2,4,6,8	无独有偶
(24)	4,3	颠三倒四